我的第一本艺术入门书

图解欧洲建筑艺术风格

许汝纮 著

北京时代华文书局

目　录

序 言

常常有机会前往欧洲旅行，每一次都会对那些随处可见的建筑、雕塑、绘画创作留下深刻的印象。每到一个地方，也总会专程去拜访美术馆、著名的城堡、古迹或建筑，对于那些已有数百年历史的人类遗产，总是由衷地赞赏。有时候不免会想，以前的人何其有幸，能亲身参与当代丰富、激越、辉煌的文化风潮，能为今人留下如此丰硕的文化遗产。赞赏之余，都会在心中暗暗许下心愿：下一次再来欧洲，一定要事先对这些艺术文化的背景多做些功课。然而，艺术的领域广阔无边，资料搜集难免有遗珠之憾，就算能对其中的展品或建筑物了解一二，但对于广泛的欧洲艺术与思潮，仍然无法有周全的认识。有鉴于此，我开始着手规划这本书。

我是以一个旅人与欣赏者的心情和角度来规划这本书的，从经验中第一眼的接触开始（看到的建筑外观），到欣赏、触摸当代的艺术创作（主要指雕塑与绘画），我希望能给读者一个概括式的介绍与印象。我要先声明，这绝非一本关于艺术史的书，也不是一本阐述任何艺术形式的书籍，而是一本轻触欧洲艺术内涵的“入门书”。我们筛选影响欧洲文化艺术最深、最广的四种艺术风潮（罗马时期、哥特时期、文艺复兴时期、巴洛克时期），以归纳的方式来看当时的艺术发展。

从浩瀚的资料中我们才发现，原来到了文艺复兴时期才开始出现建筑师这个行业（以前人们称他们为泥瓦匠，地位和画壁画的画匠、从事雕刻的工匠没两样）；哥特式建筑是没有墙壁的，他们将屋顶盖得尖尖高高的目的，是要与上帝好好沟通（当时的教会力量非常强大，甚至于整个村庄的居民最大的目标，就是要盖一座能与上帝沟通的教堂）；原来“巴洛克”这个词，指的是长得不好看的珍珠，意思是怪诞、扭曲、突兀的艺术作品，而不是我们现在所认知的浪漫、愉悦、多姿多彩的象征。

之所以只选择这四种艺术风格，是因为经由这些智慧的累积与努力，为欧洲艺术长远的发展，打下了坚实的理论与应用基础，也深深影响后代艺术家的思维与创作。当我们在欧洲旅行时，举目所见的古迹、建筑、绘画、雕刻大多与他们的创作有关。当然，从十八世纪开始，艺术与文化的发展有了翻天覆地的变化，更多的流派、更多的思维、更丰富的创作、更深刻且影响更广的理论，争奇斗艳、百花齐放。但这本书之所以未触及这些课题，原因是：我们希望这本书扮演的是一个新视野的开启者，一把为读者打开艺术之门的金钥匙，借着轻触艺术的褶痕，开始走入艺术的殿堂。十八世纪之后的艺术风潮，举凡绘画、建筑、雕刻，国内出版品可谓汗牛充栋，读者可以根据自己的喜好来做选择。

这四大艺术风潮的精彩作品现在都仍然耸立，或者陈列在欧洲某处，各自述说着当年风华绝代的故事，也深深影响了下一个世纪、下下一个世纪，甚至更久的后继创作者，循着他们的足迹，跨开大步追求更新的风格、更广的影响力、更契合时代的艺术语言。我由衷地希望，借着本书的出版，当您有机会前往欧洲、伫立在这些伟大的艺术作品旁时，不会再张口结舌的只能发出赞叹之声，而是能从那些创作者的古老记忆中发现其中的精华与奥妙，和这些艺术大师跨过时空的藩篱，交换共通的记忆与语言。

高谈文化总编辑　许汝纮

Romanesque Style
罗马式风格

莫伊萨克（Moissac）修道院之庭院

导　论

法国建筑师德高蒙（De Caumont）在一八二四年首次提议用“罗马式风格”一词，来统称中世纪初期的西欧艺术。这个提议马上就被许多人认同。但是这个词汇却隐含了两种截然不同的观点。

一种是认为“拉丁语系”（西班牙语、法语、意大利语）的形成及发展，也是大众化的拉丁语与各地日耳曼侵略者的语言相互融合的过程，这些地区和国家同时创造了自己的新形象艺术，也努力结合罗马艺术和民间传统。第二种观点则认为，这种新的定义，根本是想把自己与古罗马的艺术相提并论，想彰显自身的重要性。

这些观点有对也有错。罗马式艺术的确吸收了古罗马与日耳曼艺术的元素，但它同样也有拜占庭、伊斯兰、亚美尼亚（约公元前五百年左右的中东古王国）的艺术成分。而且最重要的是，它的确是新颖的艺术，与之前的传统大异其趣。

起初，“罗马式风格”一词涵括了八至十三世纪西欧的各种艺术创作。但后来大家认为，横跨的空间时间范围是如此的大，妄想用一个“罗马式风格”标签就一网打尽，实在过于草率。这些艺术创作虽然有许多共同点，但也有许多明显的差异。这可以用著名的艺术史学家尼克拉斯·佩夫斯勒（Nikolaus Peusner）的一句话来说明：“单独的词汇本身并不足以成为风格，它还需要一个将它们全部点燃的中心思想。”

我们今天所用的“罗马式风格”，指的是十一至十三世纪的艺术。之后这种艺术也在一些边陲地带（尤其是相对于罗马式艺术全盛时期而言）持续地发展着。

“罗马式艺术”最流行的时候，甚至席卷了整个西欧及大部分的中欧地区。在十一至十三世纪之前，其实应该还有自成一体的艺术时期，比如：西哥特（Visigothic）艺术、加洛林王朝（Carolingia）艺术和奥托（Ottonian）艺术等（分别源于八世纪的西班牙、九世纪的中欧及十世纪的德意志）。

▲法国维兹莱（Vezelay）圣玛德琳（Sainte Madeleine）教堂的门楣细节

◀罗马式建筑也有许多鲜明的地方流派风格。图中为米兰的圣安伯乔（San' Ambrogio）大教堂，是意大利的罗马式建筑中最特别、最受欢迎的建筑。

最后有一点必须强调的，尽管罗马式风格时期的艺术创作有很多相同点，但也有许多的地方“流派”及“风格”，也就是说，不同的地域会展现出不同的特色，依当时的社会、政治状况而定，因此想要概略性的描述是相当困难的。除了巴洛克风格之外，没有任何形象艺术跟罗马式艺术一样俯拾皆是，没有其他艺术比它更丰富、更具生命力及更具意义的了。

《最后的晚餐》，里昂圣伊斯多洛教堂（San isidoro）皇家万神殿拱顶的壁画

建　筑

罗马式建筑在欧洲几乎随处可见，且各有其神采特色与地方情调。如果要从这么丰富多彩的建筑世界中，找出一系列明显特征的典型，那么必须先找到共通点，其中有下列四项特点：

第一点，罗马式建筑的基本典型是教堂，就像神殿之于古希腊艺术。第二点是技术处理方面，罗马式建筑的设计与建造都以拱顶为主，以石头的曲线结构来覆盖空间。第三点，罗马式建筑的美学，就是建筑物巨大、繁复，强调明暗对照法（让光线从寥若晨星的小孔照射进来），但建筑的装饰则简单粗陋。第四点，艺术形式有着阶级关系：建筑居于主导地位，而其他的艺术活动，如绘画、雕塑、镶嵌艺术等，则居于臣属地位。

在那个宗教信仰强烈的时代，教堂会成为主要建筑是再自然不过的了，而且教堂还是当时最富有、最有学问、设备最好且无所不在的机构。第三点与第四点早已成为认识当时建筑的最佳指引。而最关键、最特别的，则是建筑的屋顶，从屋顶的特点与要求看来，中世纪的匠师与工人们创造出一个建筑体系，或者说，他们创造了一种风格。

拱圈是利用小石块构筑大跨距空间的做法，在两道墙之间装设木构的拱架，再放入许多楔形（倒梯形）的拱石，直到放入最后一块拱石，即拱心石，拱圈便大功告成，再将木构拱架移走。拱圈有外推力，一直都在向外推墙壁，任何拱圈、拱顶、交叉拱顶一定要有抵挡外推力的反力，像是另一个拱圈、厚墙。

在罗马式风格时代，拱顶的形状因为地域的不同而各有差异。法国相当流行筒形拱顶，连续的筒型拱顶沿着基部施以推力，所以墙壁必须够厚才足

拱顶

拱顶是罗马式建筑的特色，它们区隔每个跨间，有时以两种颜色的石头作为装饰。采用石头拱顶既是出于安全的需要（防火，木质屋顶非常容易引起火灾），也是为了实现建筑内外的繁复与不规则，和不同区域间形成强烈的对比。

法国图努斯（Tournus）的圣菲利勃特（Saint-Philibert）教堂的中央殿堂的拱顶（由下往上看）

法国图努斯的圣菲利勃特教堂历史悠久又别具特色。它的中殿及两侧的小殿皆以筒形拱顶覆盖，在每个跨间的高处墙面凿了窗户，为中央大殿照明，建造两侧小殿是为了与中央大殿的拱顶侧推力互相抵消平衡，而大殿拱顶轮流以明暗构成，既有装饰功能，又赋予教堂鲜明的节奏感。

克鲁尼（Cluny）大教堂建于一〇八八年，全长一百八十七公尺，有着宽阔的前廊、五个殿堂，围绕着回廊的唱诗台，还有绘有光环的祭台，它只有十字形耳堂的交叉拱顶和一个塔遗留下来，但已经足够让我们想象它原来的壮观景象。该地区其他教堂后来都以它为样本建造。

伦巴第风格

对于因采用拱顶覆盖技术而产生的问题，罗马风格的建筑师们使用了诸多解决方法。拱顶会对其支撑产生很大的侧推力，因此，在设计时需考虑将它融合在一个能吸收这种推力的建筑体系中。

米兰的圣安伯乔大教堂采取了这样的措施，与中殿的拱顶产生的推力相抗衡的是数个侧殿的拱顶。在这些侧殿的拱顶上，尚建有一个拱门式的楼座。这些小拱顶的合力与大拱顶的推力相互抵挡。

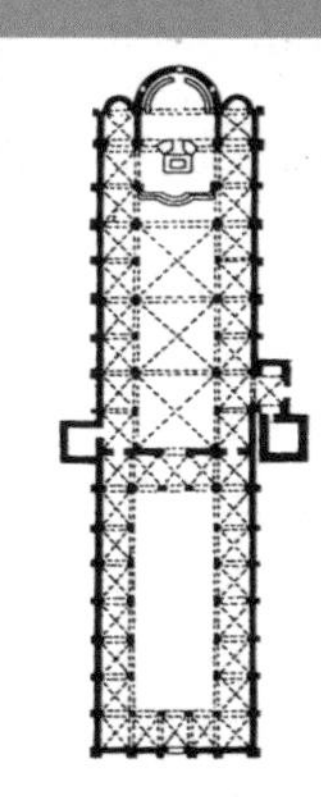

米兰圣安伯乔大教堂内部

以支撑，但也因为厚墙使得设置窗户变得十分困难，造成了内部采光不足，显得幽暗。

而最典型的罗马式拱顶，应属在古罗马时期便已经出现的交叉拱顶，它是由两个筒型拱顶直角交叉而成，覆盖着一个正方形跨间，四个侧边各有一个拱圈，可以做成拱门或者设置窗户，采光良好。外推力则集中在四个角落，以四根圆柱或是柱子切面呈十字形的多柱式方柱作为支撑点，然后就可以从各种方向进行拱顶的连续延伸及组合。

另外，除了跨间，教堂还有三个重点需要考虑，也就是跨间的正面、后部及侧面。以后部来说，最简单的解决办法，通常是建一个或几个半圆状壁龛，可以有效抵消连续跨间施加的外推力。

而正面就比较棘手一点，正面通常是光滑的墙壁，并开有出入口，所以在整个连续跨间的推力作用下，正面被向外推移的可能性很大。解决的方法很多，将墙壁加厚是最简单的方式。而另一种方法虽然本质上差不多，但却精致多了，而且也被广泛运用，那就是“反撑柱”。

跨间对正面的压力主要集中在几个点上，所以只要加强这些地方就没问题了，反撑柱是罗马式建筑的特征，由于反撑柱对应于室内每排方柱而设，

康波斯特拉（Compostella）的圣地亚哥大教堂内景

所以看数量就可以知道教堂的内部如何分割，也就是殿堂的数量。或者在教堂的正面筑起两个塔楼，或是像教堂后部的半圆形建筑，也能够解决这方面的问题。

最后，在建筑侧部方面，也有很多种解决方式。如果教堂只有一个殿堂，也就是说只有一条连续跨间，可以像正面一样加厚墙壁，或是设置反撑柱。

但是罗马式建筑中，单殿教堂非常少见。当时最典型的教堂是三殿教堂（也有五殿，但是数量非常稀少），中央殿堂跨间最大，它的两侧各有一个小殿，同样以拱顶覆盖，侧拱顶的推力可以与中央拱顶的推力互相抵消。由于两个拱顶大小有别（通常小殿只有大殿的一半大），所以还有一部分的外推力必须抵消，这时可以在两侧再建一个小侧殿，或者加厚墙壁，或是在外墙加上反撑柱。

这些方法被当时许多教堂采用，其中有两种风格特别值得一提，就是最典型的“伦巴第”（Lombarda）风格建筑，例如米兰的圣安伯乔教堂，

摩德纳教堂（Modena）内部

克鲁尼（Cluny）博物馆中描绘天堂之河的柱头

希德斯罕的圣米歇尔教堂内景

艾理（Ely）主教教堂的中殿

诺曼底人的占领，使得英国建造了许多罗马式修道院和大教堂。这些建筑后来也经过几次大规模的更修。这座大教堂的特色是它的三段式设计，小殿上面是楼座，楼座上面则设置窗户，与温彻斯特（Winchester）、诺维克（Norwich）、彼得伯勒（Peterborough）及杜伦（Durham）等地的大教堂如出一辙。

法国圣奈泰尔（Saint-Nectaire）教堂的柱头细节

法国安哥莱姆（Angouleme）大教堂内部

几何形状

当时许多建筑装饰主要是利用石块或砖头，但罗马式建筑有个极为重要的色彩装饰手法，即壁画或镶嵌艺术，通常使用鲜艳的色彩来构图。这种装饰在教堂的墙壁都可以看到，但有时也蔓延到其他部分，例如柱子。

波堤亚（Poitiers）的格兰第圣母院（Notre-Dame-LA-Grande）的内部。许多罗马式建筑的装饰都是从墙壁上色彩富丽的几何形状开始的，今天已经很难找到像这样的教堂了，许多还可以见到的石质建筑，原先也是为了要制造这种效果。

方柱的交替

在采用交叉拱顶的教堂里，多柱式方柱、圆方柱或圆柱交互更替，每个柱子支撑不同的拱顶（小殿拱顶的方柱比大殿拱顶的方柱承受的压力来得少，所以方柱比较细）。柱子的交互轮替在木质屋顶的建筑中也有，虽然它没什么理由这样做，但显示了当时人们的审美观还挺一致的。另外也有不同的尝试，虽然这两个例子差异很大，但仍然可以看得出来，罗马式建筑在空间的安排中，对完美和谐的坚持。

►维洛那（Verona）的圣希诺（San Zeno）大教堂的中央殿堂，是相当具有意大利特色的罗马式建筑。它们重视装饰，却不太重视建筑的内在和谐。虽然顶盖是哥特式的木质顶盖，但它仍然具有交叉拱顶的一些元素，像是大方柱与小圆方柱的轮流更替。

◄沃姆斯（Worms）教堂与圣希诺教堂采取了截然相反的处理方法，沃姆斯教堂以四方柱及多柱式方柱交替，莱茵河地区的教堂（斯比拉、马贡扎、沃姆斯）都有相似的设计方法，尤其在墙壁的处理上。这一点使得它们与西德意志的罗马式建筑区分开来。粗大的方柱将大殿与小殿分开，在方柱之上及拱顶之肋拱上，皆有精美的半圆形柱头饰。当然，因各教堂建筑建成时间不同，每座教堂的细节部分亦大异其趣。

诺曼底风格

比伦巴第风格要精致的诺曼底风格，除了小殿与楼座的拱顶之外，这两种拱顶的上面还有“窗拱”，让光线可以从侧面照进中央殿堂。

最著名的诺曼底风格是英国（一〇六六年为诺曼底人所征服）达拉谟的主教教堂（Cathedral）。它可能是首个采用拱肋的教堂。拱肋在罗马式建筑非常重要，可以加强拱顶的棱边。拱肋延伸至地面成为有特色的多柱式方柱，承受了大部分的拱顶压力。

以及在诺曼底地区和被诺曼底人征服的国家（尤其是在英国）中十分盛行的“诺曼底”（Normanna）风格。

圣安伯乔教堂（可能是世界上第一个或第二个使用拱肋来加强交叉拱顶的教堂）是两个例子中最引人入胜的，它的设计形式也最为悠久。它在巨大交叉拱顶所覆盖的主殿两旁，各设一个小殿，主殿的交叉拱顶有助拱，以多柱头方柱支撑；而小殿亦为交叉拱顶所覆盖，而且在两根多柱头方柱之间，有两个小跨间与每个大跨间相对应，小殿的高度则与多柱头方柱一样高。

这些小殿的布置都差不多，小殿上面还有一个楼座，它们的形制及大小相同，上下都有拱顶覆盖，所产生的外推力与大殿的外推力互相平衡，侧边再靠一道厚墙或反撑柱抵消掉。

另外，由于中央殿堂跟旁边的建筑是一样高的，所以教堂侧面无法设置窗户，米兰的教堂只能借助于正面的几个大窗户来采光。其次，由于每一个

大跨间与两个小跨间互相对应，所以多柱头方柱之间就会多一根用来支撑小交叉拱顶的小柱子。这样一来，从屋内观察，殿堂就被大小互替的方柱分割开来，显得抑扬顿挫、富有节奏，当时人们喜欢这种有节奏的情趣。

而诺曼底风格与伦巴第风格差异不大，只是更优雅些。诺曼底的小殿没有楼座，所以大拱顶与小殿的小拱顶之间的墙壁便设置窗户，成为“采光层”，另外再建造反撑柱抵挡大殿跨间柱子的外推力。并且在交叉拱顶再加上一个横式拱肋，成为六分拱顶，新加的拱肋亦往下延伸变成多柱头方柱，为殿堂带来更强烈的节奏，是后来的哥特式风格建筑的前身。

罗马式风格并非只表现在建筑上，它还表现在丰富的装饰及变化中，拱圈通常呈半圆形，或多或少强调突出的轮廓，并以颜色明暗交互的石头作为

小神坛

在莫岱纳（Modena）主教教堂正面的小柱廊上面，还有一个构造相同的小神坛，是用来在节日时展出各式圣物的。教堂正面有独特的走廊，大拱将每三个小拱分成一组，构成环绕教堂的走廊，拱在这里既是构造成分，也是装饰元素。教堂是木质盖顶而非拱顶，所以只有两旁的小殿对正面产生外推力，因此只要在正面沿着中央殿堂与小殿的分隔线，建起两道反撑柱就可以抵消。

拱饰

拱饰是指将拱及两根柱子作为建筑正面的特殊装饰。在罗马式建筑的装饰元素中，拱饰因其运用、传播之广而居于重要地位。直到比萨（Pisa）大教堂之后，拱饰才成为整个教堂建筑的基本图饰。

比萨大教堂是意大利式风格中装饰艺术的代表。最特殊的是对墙壁的处理。以拱顶和柱子为单位，不断地加以复制成现在所看到的正面。

从这座科莫（Como）的圣安波迪欧教堂，可以看到伦巴第风格的特征，例如教堂正面的一排实心小拱。教堂共有五个殿堂，还有两座塔楼，让人想到曾在德意志流行的奥托艺术。

中断突出

在罗马式风格时期，“中断突出”式的正面也受到广泛采用。屋顶斜面突然中断，强调中殿相对于其他小殿的优势高度。能够提供中殿光线的玫瑰窗也被广泛使用，还有用来突显特色的小柱廊。

位于维洛纳的圣希诺教堂，从它的正面可看出教堂的内部分割为三个殿堂，有玫瑰窗和小柱廊，柱子的基部有蜷伏的狮子。

►帕维亚圣米歇尔教堂的正面

这座教堂曾被多次重建、翻修。正面有着明显的上升结构。窗户集中在墙面的中间，将正面三分的反撑柱以及靠近棚屋状屋顶的柱廊都加强了这种效果。这种结构带来了优美的明暗对比，而雕刻装饰则强化了这种对比。

▼雅卡大教堂（Jaca, cattedrale）雕有大卫及乐师的柱头

大门

在罗马式教堂中，装饰最丰富的就是大门。以一根粗大的方雕柱将大门分为两半。这种结合雕塑及建筑的大门样式，在当时最为流行。

法国维兹莱的圣玛德林教堂大门

建筑中的雕刻主要分布在两个地方，一个是在将大门一分为二的柱子上，以及位于方柱上面、肋拱之下的半圆形墙面，称为门楣。法国、西班牙、英国的雕塑工匠就是在这种不变的空间中，以耶稣像为中心自由地组合构图，创造出诸多变幻的雕塑作品。

建筑与雕塑

尽管罗马式风格的雕塑十分有特色及创造力，但它只为建筑服务。雕塑主要是用来装饰建筑物，但除了装饰目的，它还以教育、感动观赏者为目标。图示是罗马式大门的结构。

朝圣路线上的教堂

中世纪朝圣的主要路线都会经过法国。所以这时期便出现了一些独具特色的教堂。这些教堂都有许多圆形厢堂，便于让许多朝圣者同时望弥撒。从建筑学来看，这大大促进了教堂后部的发展。维兹莱的教堂便是一个明显的例子。通常，众多厢堂沿着回廊辐射分布。回廊是指围绕在唱诗台的走廊，有时厢堂也沿着回廊和十字形耳堂分布，但较为少见。

法国地方的风格

法国有最多的罗马式建筑，同时也非常富有地区特色，比如双塔。双塔起先源于诺曼底地区，后来才传到英国。诺曼底地区开昂城的圣埃提安（Saint-Etienne）教堂就是一例。

装饰，或以石头与砖块轮流点缀。亮与暗双色调的对比是罗马式艺术中最美丽、也是最常见的装饰手法。

另一个具备功能性与装饰性的图案是玫瑰窗，就是镶有玻璃的大圆形窗户。它通常是门面的主要装饰，有时在教堂侧壁也有，但较为少见。玫瑰窗往往是整个建筑，或至少是中殿的主要采光源。因此在罗马风格时期，这种特殊的窗户十分流行，它同时满足了安全与美学的要求。

圆花窗的开口都是“斜削开口”，也就是在墙壁中央开一窄缝，所以透进来的光线十分淡朴温雅。若窄缝渐渐向里面扩大，则称为单斜削开口，若窄缝同时向里向外扩大时，则称为双斜削开口。

圣安提默（Sant' Antimo）修道院外观

这座修道院建于十二世纪中叶，显示出阿尔卑斯山以北地区对托斯卡纳（Toscana）地区的影响。平面布局跟大教堂一样，有三个殿堂与一道回廊。殿堂内多柱式方形与圆柱轮流更替，厢堂沿着回廊辐射分布，都代表了法国克鲁尼亚文化对该地区的影响。

德意志地方的风格

德意志的罗马式教堂建有两个唱诗堂，教堂的中心部分因此被锁在两个高高耸立、建有后殿的庞然大物中。
圣米歇尔教堂建于十一世纪初。双重唱诗台的设计多多少少直接受到加洛林风格的影响。但是直到罗马式风格时期，唱诗台才被建得如此高大壮观。教堂入口在侧面。

德意志风格除了喜好建造双重唱诗台，它们还推崇错综复杂的建筑变化，特别是望过去最明显的塔楼。同一座建筑中可以建有各式几何形状的塔楼，如下图中玛丽亚拉赫（Maria Laach）教堂就是个最佳的例子，它同时建有八角塔、四角塔、两个细长的圆塔楼，东侧还有两个小方塔楼。这片塔楼群让建筑物有着曲折、变化的趣味，展现出德意志风格建筑独特、生动的一面。

蓬波萨（Pomposa）修道院于一〇二六年由院长古里多（Guido）创立。古里多跟恩里科三世（Enrico III）交情深厚，过世后被册封为“皇家”圣徒。教堂外面建有一个前厅，前厅有三个拱门，这个华丽的大门与壮观的钟楼一样，反映了修道院院长的亲皇情结。

蓬波萨修道院的钟楼

罗马式塔楼虽形式多样，但仍有一些共同点，像是叠起来的一系列平面，以及窗户由下到上逐渐增多等特征。

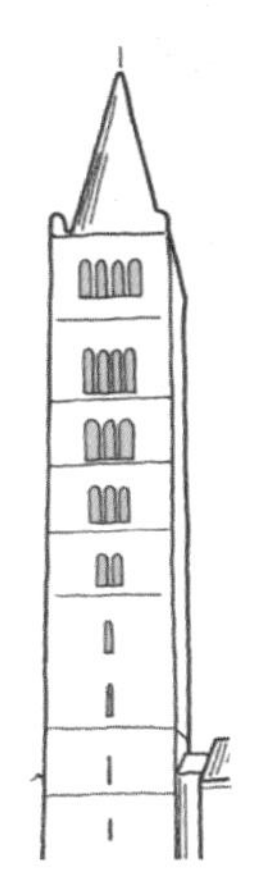

法国圣奈泰尔教堂（Saint-Nectaire）大教堂

罗马式教堂的工地

罗马式建筑的工地情况，至今世人仍所知甚少，不过下面这个插图，提供了摩德纳大教堂工地等级组织的宝贵资料。图中的建筑师蓝弗朗哥（Lanfranco）穿着大披风，手持可能是测量工具、也可能是权力象征的手杖，在他周围的人们就是他的助手。助手向工人及技工等施工人员发号施令。我们可以很清楚地看到，工人们的工作是最简单的，而技工们则依其专长从事特定工作，或是琢磨切割好的石块，或是安装石块或砖头。

另外，也少不了雕刻匠。这些雕刻匠一开始可能也只是由技工组成，但随着壮观的雕刻日益受到人们的称许及赞叹，这些雕琢大理石的工匠地位也愈来愈高，到后来连祭台、讲坛、栏杆、栅栏等内部的装饰也少不了他们。建筑的柱头、门楣等等部分都是由石匠打理，之后便由雕刻匠来负责。这些重点装饰提升了他们的地位，也让雕刻工作成为独立的技艺，甚至还出现了自成一体的第二工地。雕刻匠的工地的组织可能跟建筑工地的组织一样，工头手下有几位得力的助手，由助手指挥工人与技工。

意大利地方的风格

意大利人与德意志人相反，他们更喜欢将不同的建筑分配给不同的活动使用。典型的意大利风格，是在举行礼拜仪式的教堂旁边有个钟楼，钟楼对面通常有一座宽大的八角形圣洗堂。

巴尔玛（Parma）的教堂与圣洗堂

教堂正面呈棚屋状，大门前有以小拱顶排成数列而形成的小柱廊，小柱廊上面有个小神坛，这就是典型的意大利风格。

大门则采用另一种装饰手法，就是门柱和一根将大门一分为二的雕柱，这在法国最多。也有在建筑外侧设计一些以拱门作为元素的“拱饰”，用来装饰屋檐底和门楣，或是作为不同建筑间的装饰线条。

还有一列或数列小拱相连相接环墙而行的“回廊”。或者是设在教堂门口的“柱廊”，通常都是圆柱，柱子的基部有蹠伏状的动物（几乎都是狮子）。

除了这些装饰，罗马式风格在不同地区也各有差异。罗马式风格其实非常恢宏气派，在主要精神之外，各有些细小的区别，形成多彩多姿的地方流派和风采，各有不同的意趣，实在值得我们细细玩味。

位于欧陆中央的法国，受到周围许多思想影响，所以法国的地方特色最为丰富。以北部的诺曼底地区为例，教堂的正面两旁各有一座高塔，后来这种形制由诺曼底征服者传到了英国，并成为当地建筑的特征。而愈往南部，筒形拱顶或是源于拜占庭的圆顶就愈多，交叉拱顶则愈少。

而在朝圣路线上的教堂，像是康波斯特拉（Compostella）圣地亚哥教堂，还更为复杂，教堂后部除了一个圆形后殿，还有许多个小厢堂沿着周围建造。

不过，就建筑的复杂程度而言，德意志名列前茅。德意志的教堂通常不仅有复杂的后部建筑，

特拉尼大教堂

里昂的圣伊斯多洛（Sant Isidoro）主教教堂的国王墓穴内部

拱顶建于十二世纪末，上面的壁画有多米尼皇后，也有世界末日图，还有基督幼年及受难时的情景，圆柱雕饰则象征月份。柱头呈叶状并饰有动物的头，或描述远古时代上帝救世与《新约》的故事，充分表现出精密的布局。

民间建筑

罗马式风格时期的典型现象之一，是城市化在民间建筑与城市规划领域留下了极其重要的影响。城市化使得古老的城市中心开始扩展，有时是改造，促进了新乡镇的兴起。这些新乡镇将成为许多城市的原始核心。但几乎不管是哪一处，它们的原始面貌都荡然无存了，后世人们进行一次又一次的改造，让民间建筑随着时间而销声匿迹。现今还留存下来的主要是有墙垛、方形塔楼或圆塔楼的墙墟，大门的旁边或上方建有坚固的塔楼，而门上有时还有雕刻装饰。贵族的塔楼、权贵人士的房居也几乎无迹可循。这些权贵的房居通常是高大、结实的简单结构，墙壁光滑，都是由粗糙的石块所砌成，窗户很少或几乎没有。

这类典型建筑构成了当时城居风景的主要特色。在圣吉尼奈诺（San Ginignano）地区与塔尔吉尼亚（Tarquinia）的科耐多（Corneto）地区尚保留着若干上述建筑。这些小镇可以帮助我们想象一下当时大城市的风貌，比如佛罗伦萨与波隆那（Bologna），这两个城市当时分别拥有一百五十及一百八十座塔楼。但今天只剩下孤零零的几座。

罗马风格时代留存下来的民间建筑非常稀少。宗教建筑的几个特征在它们身上也有，比如拱顶的运用。右图为阿那尼（Anagni）宫殿。

还将边侧也建起跟后部建筑一样的建筑物。因此德意志教堂是被西边庞大的后殿建筑夹在中间。而且罗马式的德意志建筑还有一个特色，就是塔楼。塔楼形状各异（方形、八角形、圆形），大小不一，有的建在教堂正面，有的建在后部，有的建在中部（通常是圆顶状，也就是位于圣坛上方）。德意志人喜欢将祭礼的每种元素集中在一起；而意大利人则恰好相反，他们习惯将它们全部分开。

典型具意大利特色的罗马式建筑，是由许多单独的建筑所组成的，比如教堂本身、受洗堂，以及教堂中部，或者教堂边侧，或者是对面的钟楼（通常位于教堂正面两旁）。教堂本身的形式都很简单，呈两个斜面组成的棚屋状，或是中断突出式，即中央要比边侧高出许多。而且意大利与北部其他国家装饰风格各有不同，而构造方面却差不多。在比萨及卢卡地区，教堂的正面饰有一排排相互重叠的小拱；在佛罗伦萨地区，则普遍采用彩色大理石作为镶嵌装饰；而在西西里地区，伊斯兰装饰与罗马式筑墙则融为一体。

与前边三个“大国”相比，其他国家的地方特色就没那么丰富了，但有趣的建筑仍然很多。值得一提的是英国，虽然许多英国的罗马式建筑手法皆源自于法国，但它们并不是单纯被移植而已，英国建筑有自己的威严气势。圣母堂在英国很流行，通常位于教堂的后部，非常宽敞，几乎自成一个小教堂，是供奉处女的地方。

最后，必须提到罗马式建筑中无处不在、但无法确定其源出何处的三个特色。第一是方柱的轮替，也就是粗的方柱与细的方柱，或方柱与圆柱间相互更替、变化的设计风格，这种设计在建筑上并没有必要，也许只能说是当时人们对建筑韵律感的偏好。

第二是教堂的地下室，相当于一个小教堂，通常用作存放珠宝与圣物。第三是圆教堂，圆教堂虽然不多但很重要，通常是为了祭拜救世主而建，可能是以耶路撒冷耶稣受难教堂为样本而建造的。

城堡与宫殿

罗马式风格时代建造的城堡有几个特点，这座雄伟的罗切斯特（Rochester）城堡，有两道围墙环绕卫护，里面的围墙四角还筑有塔楼。

罗切斯特城堡，位于英国虽然现在留下来大部分具代表性的罗马式建筑是教堂，但罗马式建筑并不是只有教堂。中世纪是城堡的时代，城堡密密麻麻地遍布欧洲各地，是当时欧洲的最大特色。

圆

古典的罗马式教堂是长方形的，但同时也有其他类型的教堂，最有意思的要属圆形教堂了。从这种教堂的装饰及墙壁可以看出罗马式风格的特征，如门口的小柱廊，拱式斜前开口的窗户，还有粗糙的外墙。

大部分的圆形教堂都与存放圣徒或殉道者的遗体有关，而图中的布莱西亚（Brescia）大教堂则是例外，它是为了一个民间团体所建，也是东伦巴第地区类似建筑的代表。

在罗马式建筑方面，我们仅提到宗教建筑，民间建筑虽然数量不多，但还是有的，像是城堡和宫殿。不过由于“罗马式风格”的特色就是教堂，而且民间建筑中的罗马式风格，在教堂都有，只是多了若干修饰，所以在此对民间建筑便不多作描述了。

雕　塑

中世纪的人们认为艺术不是独立的。相反地，每种艺术活动都应该用自己的方式和手段，为建筑的建造、装饰服务，建筑本身被视为一项根本性的工程：雄伟的教堂，是人们献给创造人类的创世主的建筑。

在这样的观念中，雕刻、绘画显然都是臣属于建筑这个主体艺术，都是为了满足建筑的需要与喜好而服务的，所以罗马式建筑中，才有那么多的造型与图像装饰，但修道院建筑例外，因为修士们的规则中，视所有“装饰”为禁忌，这种建筑的艺术力量仅由建筑本身来展现。

而多数雕塑在建筑中，都扮演着功能性或表达性的“纽结点”，像是入口大门、柱头、讲经台、托座、框架、门的表面等等。

这些“纽结”部分都被设计为雕刻作品，虽然这些雕刻作品的构图总是千变万化，但仍可以总结出几个共同点。首先来看看大门这个最典型的例子。

保利・舒・多尔都尼修道院的门楣细节

除了中殿入口的大门，也可以在每个小殿与神坛入口处设置更多的大门。大门通常呈

杏仁形状的曼陀罗框架与水平带

在门楣（大门上面的半圆）的救世主图像，一定位于中央，是整个门楣布局的轴心。在大部分情况下，救世主耶稣的图像都呈近乎椭圆形的杏仁形状。这种图案也经常出现在绘画里，它将耶稣与环伺在其四周的其他人物，清楚地区别开来，让人们一下子就可以辨认出来。在门楣的下半部通常有一道或数道水平带，重复地出现圣徒或其他图像，当作是装饰点缀。

莫伊萨克圣彼得修道院大门门楣的水平带细节

莫伊萨克圣彼得修道院大门门楣的上面刻有坐着的耶稣，几乎呈杏仁形，下面有两条水平带，一个水平带是人像，一个水平带则是抽象图案。

长方形，上面有半圆的门楣。有时也会有一根精雕细刻的柱子立在中间将门分为两半，门楣上的雕刻变化多端，各有千秋。

在设置大门的时候，开口或多或少地呈现一层一层的斜削状态，也就是说从外侧至里侧，大门愈来愈小，像是凹进去的样子。

门楣上的雕刻是最重要、最富意义，也是最具特色的雕刻。中央的耶稣坐像比例一定比周围的人物大，而且总是在杏仁形状的曼陀罗框架中，这种尖头椭圆形的图饰象征着神光。

在门楣的下位，总有一条或两条水平带，上面的图案有的是动物争斗之图（当时常用不同的动物代表善与恶），或是一系列的格式化人物，有时则是几何图案。格式化的饰图轮廓和人物类都沿着一条水平“饰线”展开。也许这就是罗马式风格雕匠的审美观：他们注重的是一件事、一件轶闻，而不是单独一个人及其外表特征。当时的人们喜好轶闻、关注日常生活，乐于从事手工行业，展现手工艺术，这种广泛而典型的艺术观，跟前后时代的艺术观大异其趣。

除了大门，另一个雕塑重点就是柱头。罗马式风格时代跟之前的远古时代，及其后的文艺复兴时代不同，对柱头这个装饰性的建筑成分并没有标准化，不过还是可以明显地看见倒梯形柱头的趋势，但这种柱头还是个十分粗糙的立方体，它的下部与侧部的棱角是钝的。雕匠就是在这种四方体的表面细细刻上《福音书》中的故事，里面有不同职业或日常生活的情景，或是人与人或妖物之间的争夺，或者是完全杜撰的寓意性图画。

雕刻技法有很多种，像是近乎粗暴、野蛮的粗糙技法，或是接近现实主义的生动表现技法，以及带有古罗马印痕的造型技法等等。所以雕像可以被雕成粗略的浮雕，或者近乎全圆的作品。其实不少柱头根本没有装饰性雕刻，或者仅有几何图案雕印。

最适合来雕饰门的材料是铜，当时的铜加工技术能力因地区而有差别。

格式化与重复的装饰

在这些雕饰中，人物的格式化与重复，几乎毫无变化，这是罗马式雕刻艺术的特征。这种图饰在水平带应用得淋漓尽致。

上图及下图：米兰的斯弗哲思（Castello Sforzesco）宫殿，内容为菲德力克、巴巴罗萨与其随从。

这些雕刻呈现着另一种活力，它的图像分为人物（形态相同，但表情相异）与植物（小棕榈树）两种。两种图像在水平方向上有秩序地重复、分布着。

比萨大教堂的圣雷纳里大门——大门为铜制，由波那诺（Bonanno）、比萨诺（Pisano）所建。大门上的雕刻生动地描绘了耶稣的一生及耶稣显灵的情景。

威尼斯圣马可大教堂主殿大门以镶嵌式的弦月窗为装饰，窗上雕刻的是世界末日审判的情景，窗的外围有三重雕拱，雕刻的图案除了常见的先知，还有圣德人士、平民，或是代表月份、动物、小孩的饰图，以及不同职业的图像。当时的威尼斯是意大利最早建立艺术职业体系、创立同业行会的城市。

特拉尼（Trani）大教堂的铜质大门

装饰是在方形中进行的，通常雕有宗教故事，或是人物或猛兽，四周又被略有浮雕的框廓所围，或被四个顶点的小狮头而成的框廓所限。尽管框架只是简单的几何形状，但是上面完成的雕刻构图总是栩栩如生，富有动感。

这种铜门在欧洲中部及东部广为流行，像是意大利、德国及斯拉夫国家。不过，虽然当时雕刻是附属于建筑的，但在罗马式风格时代，人们也同样能够结合这两种艺术形式。有时候雕刻甚至超越了传统上分配给它的比例，甚至占领了建筑的整个正面，这在欧洲南部地区（普罗旺斯地区、意大利）尤为明显。

铜门

在罗马式风格流行的中世纪期间，铜这种素材再次被广泛运用在艺术作品中。虽然还没被运用于巨型塑像，但已被做成格子板，贴在木门上面，两扇门被分割为许多四方形，四方形之间用几何线条隔开来，每个四方形里都是一个故事。

维洛纳圣希诺大教堂的大门——每个小格子的顶点还有小狮头作为分隔，当时主要盛行于中欧及东欧（意大利、德意志、斯拉夫国家），在西欧诸国则比较少见。

莫岱纳主教教堂描述《圣经·创世纪》故事的浮雕，由威里吉摩（Wiligelmo）所创作。威里吉摩是罗马式风格时期最出色的雕刻师之一，这个创世纪浮雕的人物举止非常丰富、生动 ，让故事有着巨大的感染力。

奥屯（Autun）的圣拉萨弗（Chiesa di Saint-Lazave）教堂的柱头，雕的图案是“东方三博士之梦”。

门楣中的显灵图像

在法国的波尔格涅（Borgogna）、林格多克（Linguadda）、多尔多涅（Dordogne），及西班牙北部地区的修道院及教堂中，可以看到大门门楣上壮观的浮雕，这种装饰手法分布地区极其广泛，后来还慢慢地传到欧洲其他地区。

门楣中的图像对于信徒而言，代表着“门槛”，也就是从俗世的日常生活的空间，过渡到教堂的神圣空间。教堂的建筑金碧辉煌，祭礼辅具神光灿烂，表现出圣洁的神灵显现与施恩的耶路撒冷圣地。

因此，门楣的图像常有显灵的景象，同时它们也象征着基督的神通能超越一切，例如耶稣将在世界末日再次降临拯救世人、进行末日审判等。

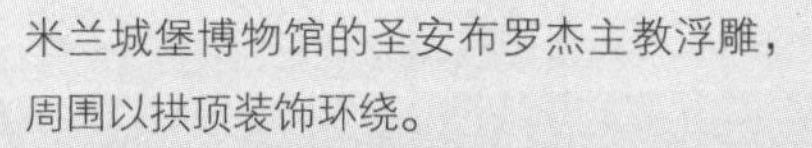

米兰城堡博物馆的圣安布罗杰主教浮雕，周围以拱顶装饰环绕。

这位主教是米兰的守护神，拱顶的运用除了建筑本身，也广泛应用在教堂的神龛、石刻、祭礼用品等等上，尤其当需要将序列分布的人物分隔开的时候。

立方形柱头

罗马风格将古希腊与古罗马的古典柱头艺术（陶立克式、爱奥尼克式、柯林斯式、混合式）扬弃或改造了，创造出一种罗马式风格独有的柱头艺术：立方形柱头。将柱头下部的六面体石头的棱角磨钝，就变成立方形的柱头。这种柱头又因实际情况而千变万化，成为雕塑的基础（而不是像古典时代成为抽象图案的基础）。

◀坎特伯雷（Canterbury）大教堂的柱头
立方形的柱头，四面光滑，上面的雕刻完美地描绘出罗马式风格中，难得一见的荒诞故事场景。类似这样的X状构图是很常见的。
罗马式的雕刻与建筑关系非常密切，图像重复，让边饰清楚区隔人物及其他相邻人物，也是一种常见的手法。

耶稣受难像

象牙雕刻的耶稣受难像，位于马德里，考古博物馆。

耶稣受难像的雕刻材料有很多种类。罗马风格时代的雕刻师在耶稣受难这个主题中，满足了他们对紧凑、复杂装饰的热爱，他们对色彩丰富、富于表现力的追求，也在这儿得到了实现。耶稣救世主被钉在十字架上，也很符合雕刻师们将雕刻布局局限在一个预设的框架的习惯。

耶稣受难像在罗马风格艺术中经常出现，不同国家有不同的风格。德意志的耶稣受难像很有感染力，意大利的则显得神圣，西班牙就很单纯，通常全身披着衣服，衣服上布满光滑而宽大的衣褶，并绘成彩色。

耶稣像在西班牙被称为“圣像”，因为它不是被雕刻成一个受到极刑的可怜人，而是充满荣耀光辉的上帝。西班牙的这类作品亦受到意大利及德意志的影响。

将耶稣从十字架上卸下，此木刻位于沃尔泰拉（Volterra）大教堂。意大利中部地区十二、十三世纪时很流行这种木刻艺术。

这些地方的人们，设计了一条很长但不高的“水平带”，用来组织图画所表现的故事，就像是一帧巨型的画布。而且罗马式雕刻的首要功能并不是“装饰”，而是“教育”，用来向非常虔诚，但不识字的民众们，讲述《圣经》中的故事及他们自己的故事，水平带就可以满足这种需要。人们为了达到这个目的，在大门、柱头及建筑任何部分的雕刻上都放上这些富有象征与讽喻的饰图。

在雕刻技术方面，罗马式风格呈现出一些深层的共同点：人们已不再刻意追求人物周围的环境及人物本身的逼真性，或多或少出现了一些变形，来象征真实与虚幻。但是具体来看，这一点又因地点和年代的不同，呈现出丰富的变化。

一个个雕像相互为邻，散布在圆柱之间的壁龛中，或云集于门楣与柱头，它们的布局富有韵律、象征性和表现力，但并非写实。雕像中浮雕占大多数，虽然有时看起来很粗糙，却总是变形的，生动活泼，极具表现力。

罗马式雕塑不分大小皆各具魅力，而且不只表现在大型雕刻中，在许多珠宝首饰中、神龛正面饰物，以及圣物盒等祭礼用具上，都可找到罗马式雕刻艺术的踪影。耶稣受难像是当时最典型的祭礼雕刻，西班牙人将该雕刻称为“圣像”，因为它不是被雕刻成一个受到极刑的可怜人，而是服装严谨简洁、充满荣耀光辉的上帝。

绘　画

罗马风格时代绘画，像是壁画、绘画、书籍插图、羊皮纸上的画，有许多已经散佚了，能够保存到现在的作品，不一定是当时最好的作品。但是绘画各方面为罗马式艺术的确贡献良多，不仅是在画板上的画，还有在建筑中作为装饰的画。装饰画主要是画在新鲜的灰泥层上的壁画，或是只有在意大利才看得到的镶嵌画。

罗马式风格时代的人们喜欢让整个建筑，或至少建筑的主要部分，尤其是半圆形后殿及主殿上面的墙壁，以绘画来作为装饰。图画内容通常是《旧约》与《新约》的故事、圣徒的生平、凡人的生活、传说或远古的盛事。绘画的重点几乎是杏仁形框架中的耶稣坐像，他的四周对称围绕着圣徒、凡人，以及被耶稣制服的魔怪。在靠近拜占庭并深受其影响的意大利，这些绘画往往被带有典型东方气息的大型镶嵌画取代。

简单地说，绘画和镶嵌画就是表现当时的“道德”伦理故事。罗马式绘画就像其他艺术形式一样，注重效果甚于美感。镶嵌画的表现重心在于故事的叙述上，经常使用鲜艳大胆的颜色，表现力也很强烈。跟当时的雕刻一样，绘画也抛弃了远古时期的古典艺术为准的准则或传统，所以艺术家对人物活动环境的真实情景并不注重，当画到自然景观或农村风情时，他们就使用象征：一棵植物代表着人间天堂，一列横线表示海洋等等，而且将人物变

构图

除了角状、棱角状构图（经常是开口的，而非闭合），罗马式绘画中还经常出现源于建筑的一些图案，用来作为分隔人物的框架。像是拱顶，在当时相当常见。

耶稣坐像

罗马式风格绘画跟雕塑一样，也常常运用杏仁形状的框架。左图的耶稣像壁画位于加特隆纳（Catalogna）地区陶勒（Tahull）市圣米歇尔教堂，大到教堂的整个内部都是这幅画。忠实地反映出加特朗尼艺术的特色：在关键部位大量使用粗涩的绿色。

威尼斯圣马可大教堂的圣拉里奥（Sant' Llario）镶嵌画。它的构图跟雕塑相同，例如拱顶，但绘画比雕塑多了颜色的运用，让镶嵌画的精致和生动非石刻所能及。

单调固定的构图

对于罗马风格时代的画家来说，表现人物形象并不是绘画的重点，人体只不过是支撑衣饰的架子而已，人物的态度显得神圣，而虚无缥缈，大多显得不太自然，大部分的构图都很单调固定。

圣利乌廷诺（San Liutwino）主教，他曾任埃格伯特（Egberto）地区的大主教。现收藏于奇维达（Cividale）国家文物博物馆。

祭奉圣米歇尔阿康杰罗（San Michele Arcangelo）的祭坛正面细部，现收藏于巴塞罗那加特隆尼亚艺术博物馆。一样是单调固定的构图（呈曲线状的布幅正好在正中央），这里还有一个常见的图案，就是呈婴儿状的灵魂，正由两位天使用布幅托送到天堂。虽然这只是个象征，但对生活在中世纪时代的人们来说，它的意义是再清楚不过了。

形、夸张构图，借以突出场景，来加强画面整体的效果，使观者的注意力集中在最重要的细节上。

罗马式绘画的构图虽然很简单草率，却很少使用三角形、方形、圆形或锥形这些纯粹的几何形状，总是由直线或曲线组成繁杂的几何形体。简单地说，罗马式绘画的布局通常是开放的，也是格式化的，图像是被简化了的。它的颜色可以非常强烈、或淡弱，其中的色调、色阶变化可以无穷无尽，甚至可以从色调的差异及其他成分来区别罗马式艺术的画派，或确立艺术家之间的流派及特色。

精美的巨型几何图案，是罗马式艺术另一个重要的墙壁装饰（尤其是装饰方柱），罗马式教堂首次采用了缤纷夺目的彩色玫瑰窗，后来还成为哥特式艺术的元素。一种艺术活动的构思与影响，往往在另一种艺术活动中得到再次利用与发扬。

绘制的十字架

巨幅十字架绘画，悬挂于殿堂之后部或圣像壁。这是12世纪意大利中部地区的典型绘画创作。画布有明显的轮廓，耶稣受难像高大居中，周围有若干次要人物与图景，耶稣双臂两端是《福音书》的作者，中间的图画分别是：圣乔凡尼、虔诚妇女、盗贼、耶稣的下葬及耶稣复活。

这些十字架绘画看起来都很平板，缺乏戏剧性（从法国与拜占庭传入另一类受难耶稣圣像，耶稣通常都呈现痛苦状，或已经死去），而且充满地方化的拜占庭风格，但这类十字架绘画在北欧，以及东地中海地区都没发现过。有赖它们，才有一些十字架绘画的杰作，例如：比萨诺（Pisano）、西马布尔（Cimabue）及乔托（Criotto）等人创作的耶稣受难像。

镶嵌画（马赛克）

镶嵌装饰在罗马式风格时代达到高峰，尤其是在地中海地区。这一带直接受到邻近的拜占庭艺术的熏陶。镶嵌画就是将许多细小的、尺寸、颜色各异的镶嵌物拼贴在一起，形成各式图像。在拜占庭地区，它不仅是绘画，而且也是建筑里重要的组成成分。与拜占庭艺术发生直接关系的城市地域，像是威尼斯，就是镶嵌画最流行的地方，而且人们还发展出一套镶嵌艺术，将伊斯坦布尔（Costantinopoli）的传统与欧洲地区的新风格都糅合在一起。上图即是威尼斯圣马可大教堂的镶嵌画细部。这类装饰从威尼斯、托斯卡纳，一直到西西里亚（Sicilia）整个地区的罗马式风格建筑中，都看得到。

面容

在罗马式艺术中，虽然有很多的习惯和规则，然而在表现人体及表情中，却没有一种通用的手法能概括一切，但还是可以提几个共同点。例如：一个线条或一组线条就将一张脸描绘出来，有些长方形的地方就是脸，眉毛与鼻子则以单线来勾勒，嘴唇则以双线勾勒等等。当然这只是一种概括性的描述，不同的国家和不同的艺术家们在处理这些细节时，一定有很多差异。不过这种描述大致上还算正确，尤其是对纯正的欧洲作品而言。

圣伊德风索（Sant' IIdefonso）在编书——现珍藏于巴尔玛（Parma）皇家图书馆

CARDENTCHERVBI
NCRISTIFL
ETERN
ISOLISRADIATAINTO
TICASTANTCHERV
BIALASMOSTR

圣马可大教堂穹顶

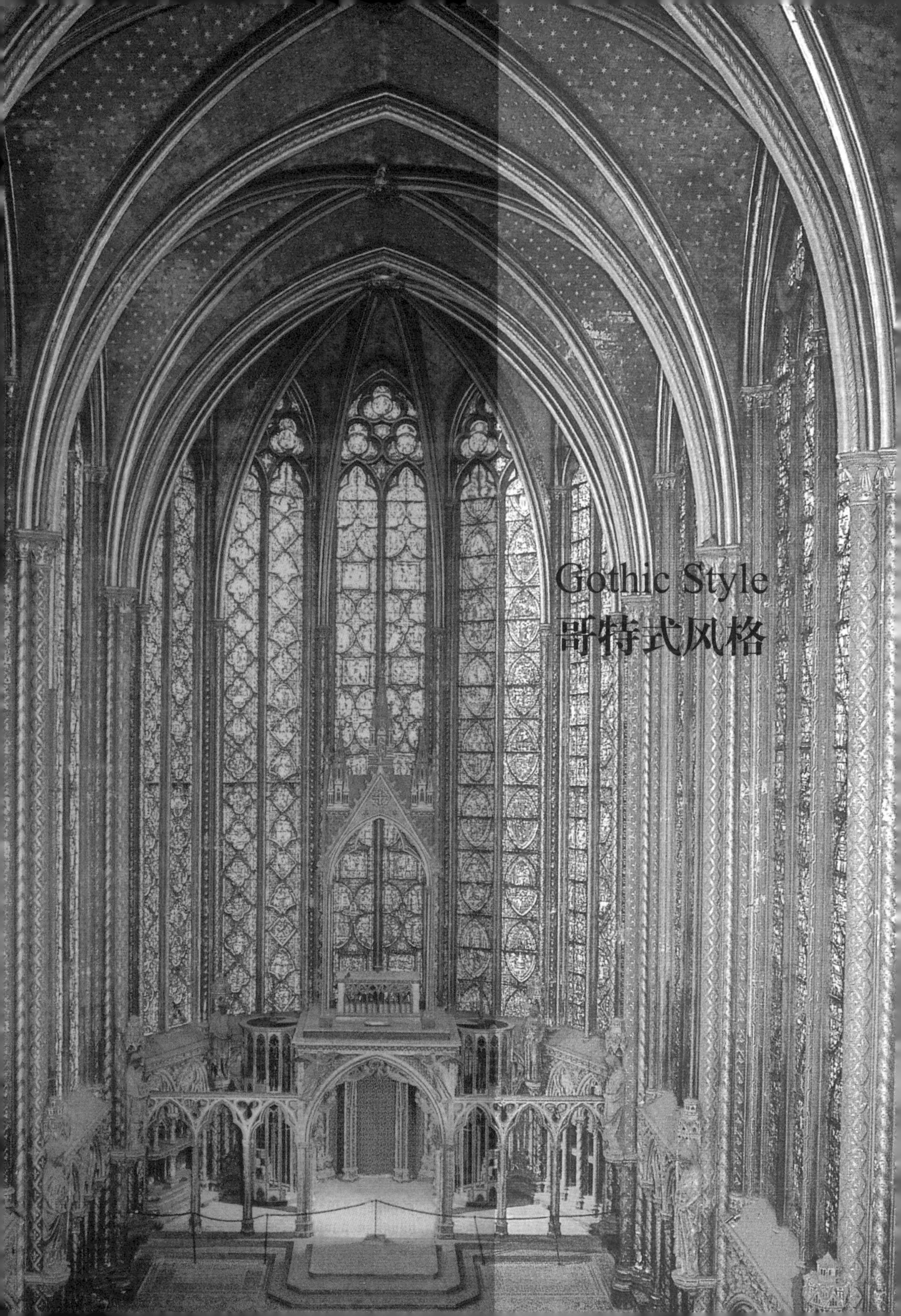

Gothic Style
哥特式风格

圣丹尼（Saint-Denis）修道院的回廊，以及位于拱顶中央连线下的小礼拜堂细部——回廊与小礼拜堂于一一四四年建成。

导 论

由于哥特式艺术发源于比较偏僻的阿尔卑斯山以北地区，与来自繁荣南方的罗马式艺术，发源位置恰好相反，因此文艺复兴时期，意大利的某位人文主义者，认为这种出自北方的艺术形式是野蛮的，便以“哥特”这个对野蛮种族的称呼来指称它，带有歧视的意味。

不过，哥特式艺术虽然被拿来与北方的蛮族哥特人相比，但它真正的诞生地却是在卡佩（Capetingi）王朝统治时期的法国中心，即巴黎以北的富饶之地——法兰西岛。法兰西岛出产一种既耐蚀又易于加工的优良石灰岩。一一四〇至一一四四年，法国人用这种石材重建了巴黎圣丹尼修道院的唱诗台，而这个工程的设计者，可以说就是哥特式艺术的创始人。因为从此之后，法国各城市的教堂都依照这个风格来重建或建造，例如现在的沙特尔（Chartres）大教堂、巴黎圣母院、兰斯（Reims）大教堂、亚眠（Amiens）圣母院、波维（Beauvais）大教堂等等，这些建筑物至今仍为法国哥特式艺术的登峰造极做着见证。

此后，哥特式艺术以法兰西岛为起点，逐渐在整个欧洲传播开来。自从一一七四年，法国建筑师古列勒姆·迪桑斯（Guglielmo di Sens）在英国建造了当地的第一座哥特式建筑——坎特伯雷大教堂后，英国人接着完成了其他的哥特式建筑杰作，包括一一九二年的林肯大教堂、威尔斯（Wells）

的圣安德雷（Sant' Andrer）教堂、威斯特的阿巴利亚（l'Abbazia）修道院（一二四五年），及格洛塞斯特（Gloucester）的三神一体大教堂等等。

而哥特式艺术流传到德意志时，不仅在德意志本土蓬勃发展，更遍及所有日耳曼语系地区，并且影响了东欧与斯堪的那维亚半岛，这些地区的哥特式建筑代表作有：从一二四八年开始建造的科隆大教堂、弗里堡大教堂，以及十三世纪上半叶的维也纳圣史提芬教堂等。

哥特式艺术到了西班牙与意大利，就不再纯正，而被拉丁化了。在那里，不仅一些具有代表性的建筑特点消失无踪，在十五世纪末，更演变成走向极端的“火焰燃烧”哥特式艺术。“火焰燃烧”虽然是经过这些拉丁语族本土化的哥特式艺术，但实际上却缺乏原创性、新阶层的活力，以及他们对自己民族特性的认知。

伦敦塔的局部

始建于一〇七八年，之后屡次扩建。伦敦塔是典型的城集堡：中央的建筑物由一堵建有十三座塔的墙所围绕，而那堵墙的外围，又被一座建有八座塔的围墙以及壕沟所环绕。

建 筑

回顾十一世纪与十二世纪的历史，我们可以从中发现，哥特式艺术并不是突然出现在某一天，或是受到某个特定事件的影响才诞生出来的。不过，它的的确确是一个刚摆脱封建制度的束缚、有活力、正在演进的社会所孕育出来的产物。这个新的欧洲社会具有许多特点，最重要的有：新社会阶层的兴起，这个新阶层即是中产阶级。他们不再为贵族工作，而自由地在城镇里经商贸易，或从事手工艺制造业，虽然各个行业中仍然有严格的行会、公会在管制着，某些职业本身也有很高的门槛限制，但与从前相比，社会已经大大开放了；而像法国、英国这些国家，政局获得重新整顿，国王的权力被巩固起来，贵族的特权跟着减少，商业与城市则兴旺起来了。

提到建筑艺术，就不可以忽略修道院院长、主教、修道士、教士这些神职人员，他们对建筑物建造风格的影响确实相当大。因为这些为神服务的人士，不再只关心信徒们的灵魂，而渐渐成为城市生活的要角，对权力、物质和财富，表现出愈来愈大的兴趣和野心。到后来，甚至常与贵族阶层、君王和皇帝发生冲突（如叙爵之争）。

在这种风气下，主教和资产阶级投资建造宏伟的新教堂，目的不仅是为了赞美上帝而已，同时也是为了展露他们心里无法掩饰的自豪。这些人想骄傲地站在高大坚固的教堂上面，俯视方圆百里内成千上万的居民，让人崇拜、景仰，并且为这一座巍峨的建筑物倾倒。

此外，建造高耸雄伟的教堂，也不外是对于“经院哲学”的宣扬。所谓经院哲学，就是欧洲中世纪教会用来传播教义的哲学，这种哲学的实践方法是，借着传授信徒各种知识，告诉他们与上帝沟通不仅可以依靠信仰，凭借人类的理智同样也可以——人们可以利用复杂精细、既严谨又细琐的思维力量，来与上帝沟通。正是这种经院哲学，启发了哥特式教堂的建构灵感：极力往高处发展，依赖其间复杂、精美、格式严谨但细腻丰富的设计，来与上帝沟通。

正面

从沙特尔（Chartres）大教堂中可以发现哥特式建筑的许多特点，例如：正中央的大门明显标示出中殿高于侧殿；巨大的圆花窗；在两侧各有一座极高、飞升的塔，且保持着精确的比例关系（左侧塔的尖顶大致为塔总高度的三分之一，下面的部分则占全部高度的一半）。

沙特尔圣母大教堂西侧的正面。两翼之塔，垂直飞升，且形状、大小相异。北翼（左侧）之塔建造于一一三四年，高达一百一十五公尺；而在十四世纪初，人们又在塔顶凿了穿透孔，将塔顶装饰得辉煌异常。南翼之塔，建造于一一四五年，高一百零六公尺，而仅尖顶就高达四十五公尺。

可以通往天堂的教堂

哥特式教堂建筑中的每一种构造元件都非常高耸、尖细，尤其是拱门、方柱和拱肋。这些元件让建筑物变得似乎完全不受重力的影响，一再挑高，以超乎想象的方式，伸展到令人目眩的高度。当人们抬头瞻仰时，往往会觉得教堂尖细垂直的屋顶，仿佛连接着天堂。

事实上，这种能在人们心中勾勒天堂景象的教堂建筑，是建筑师利用创新的建筑技巧建构而成的。他们采用飞扶壁、扶垛等元件来支撑拱顶，让教堂屋顶尽可能地高，然后以不可思议的样子，垂直耸立在天空中。让人看了，不禁觉得可以经由此地通往天堂。

奥格塞尔（Auxerre）的圣埃提安（Saint- Etienne）大教堂中殿

如果看过兰斯大教堂、沙特尔（Chartres）主教教堂、巴黎圣母院、波维主教教堂、亚眠圣母教堂，以及法国各大小城市和整个欧洲的居民，为建造这些“上帝栖身之所”所付出的辛劳与代价，就会了解这些哥特式建筑简直就是奇迹。

这些建筑几乎都是动员了所有民间的财力、物力和劳力才完成的，每一座教堂的背后，都有成千上百万来自中产阶层的无记名捐赠，以及无数当地居民自愿提供的义务性艰苦劳动。沙特尔的居民们就是因为无怨无悔地提供劳力，而闻名于建筑史。这些居民在可怜的马匹都已经筋疲力尽时，接替了它们的工作，将载满建筑材料的马车，沿着狭窄的上坡路，一直推送到建筑工地去。而这些牺牲和努力，对于为了建造类似建筑的欧洲民众来说，还只是小意思而已。

阿西西的圣方济各教堂（下教堂）内部：建于意大利阿西西的圣方济各教堂分为上下两层，扮演着多重角色。但它一开始的建造目的，是为了当作方济会创始人宣扬教派学说的基地。

在教堂建筑中，圣徒的墓地通常都位于地下室。而圣方济各教堂最特别的是把墓地建得与主教堂一样宽大；因此这座教堂中就包含了两个上下重叠的教堂：下部的地下室教堂与用于传教的上部教堂。

拉齐奥（Lazio）的福萨诺瓦（Fossanova）修道院内景

不过，也是因为当时人们的品味、哲学观和审美观都在逐渐改变中，建筑技术也进步创新了，教堂建筑物才能够这样向天发展。这些创新中，最重要的是拱顶形状的突破，人们摆脱了圆拱和斜拱的限制，衔接两个弧形进而发明出尖拱。这种尖拱可以借着两边弧形线段的变换，任意改变拱形的高度。哥特式建筑就利用这种尖拱，发展出了造型变化多端的“尖顶交叉拱顶”。

尖顶交叉拱顶

罗马式风格的交叉拱顶，是由两个筒形拱顶交叉而成的，将半圆的拱圈顶端弄尖，就是哥特式的尖顶交叉拱顶。交叉拱顶外面的屋顶部分被称为拱帆。而支撑拱顶重量、彼此之间相互交叉的结构，称为拱肋，拱肋也就是拱形的外圈。拱肋汇聚在交叉拱顶的最高点——“拱顶石”（Key Stone）上面。

每个时代的建筑师们都希望在技术上有所突破，而哥特式艺术时代的建筑师便设法在上面加入直立又尖削的元件，来满足对垂直感的追求。在不断的尝试下，一位默默无闻的泥瓦匠（当时人们是这么称呼建筑师的）设计出了尖顶交叉拱顶。这位发明家只是试着将支撑拱顶的四根方柱盖得靠近一点，没想到却意外地将原来的半圆形拱圈挤成了由两个半弧接成的尖拱，而它正好可以任意改变拱肋的弧度，往更高处伸展，这真令人惊喜！

尖顶交叉拱顶有一个很大的优点：它结实、有弹性，而且轻巧，因为拱帆的重量会被疏导到拱肋上，然后从拱肋传到四个支撑点去（即传到方柱或圆柱上）。

但是，尖顶交叉拱顶毕竟还是不够平稳，因为它是弓形的，弯角大、垂直度又高，所以不仅会压迫建筑底部的方柱或圆柱，还会产生强大的侧推力，而这种侧推力要靠飞扶壁来纾解。

拱肋

布拉格犹太教堂的装饰很简洁，却更能突显出哥特式建筑的基本架构。尖拱两边的拱肋，分别从两边墙壁上成列的半圆柱柱头上，一根根向各个方向分出去，在屋顶上相交，做成一个尖顶交叉拱顶。而交错的拱肋也在拱顶上做出了“拱帆”的效果。

布拉格犹太教堂拱顶局部

此教堂建于一二七〇年前后，是一座最纯朴、最基本的哥特式建筑，外观简洁、几乎无任何装饰，就和一些修道院一样。

飞扶壁

在哥特式建筑中，横空而出的飞扶壁扮演着重要的角色：接纳尖顶交叉拱顶的侧推力，并将之疏导至扶垛上，再由扶垛传到地面。

巴黎圣母院的半圆形后殿。后殿从一一六三年开始建造，到了十三世纪才完工。细致的飞扶壁将拱顶的侧推力引到地面上，并形成饶富趣味的线条之美。

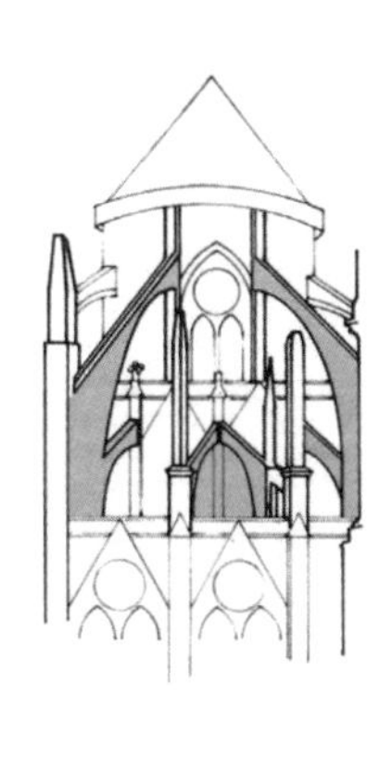

十字架形的配置方式

由于教堂建筑本身就是一个宗教象征，因此会考量到设计形式的象征性，哥特式教堂也不例外，从外观到内部，都呈现出十字架的形状。

这种拉丁十字架形的教堂建筑，通常由三个殿堂组成，最高、最宽敞的中殿是最重要的主殿。也有些更大型的哥特式教堂由五个殿堂组成，但这样的情形并不多。

耳堂

“耳堂”是哥特式教堂建筑的另一个特色。耳堂本身也是一组十字形的教堂，分成三个殿，如同整座大教堂的缩小版。加在十字架纵轴上的左右两

繁复又规律的天花板结构

科罗尼亚大教堂中殿和耳堂连接处的天花板细部

反复交错的尖拱形成华丽的尖顶交叉拱顶，使得天花板的整体布局有如几何学般严谨，其间变化繁复，充满了强烈的动感。殿堂中的方柱由许多细致的半圆柱组成，每根半圆柱承接拱肋，一直向上延伸，成为拱顶构造的一部分。这是哥特式建筑中一个很典型的特征。

十字形耳堂

哥特式教堂的特征之一就是会一再加建耳堂。人们常常会在拉丁十字架形的建筑物中，那个作为十字中线的建筑主体两边，再加入短臂，而被拿来当作这种短臂的小教堂就是耳堂。耳堂也是十字形的，通常会分成好几个殿，正面有着华丽的大门，并且也使用塑像、拱廊和玫瑰窗来装饰外墙，拥有和中殿一样富丽堂皇的外观。

巴黎圣母院南侧的一个十字形耳堂

这是尚·德·谢勒（Jean de Chelles）一二五八年到一二七〇年之间动工建造的。正面设置了两个大小不同的玫瑰窗，一上一下，大的那一个直径大约是十三公尺左右，由于正面有很多镂空的地方，所以整座耳堂给人的感觉非常轻盈可爱。

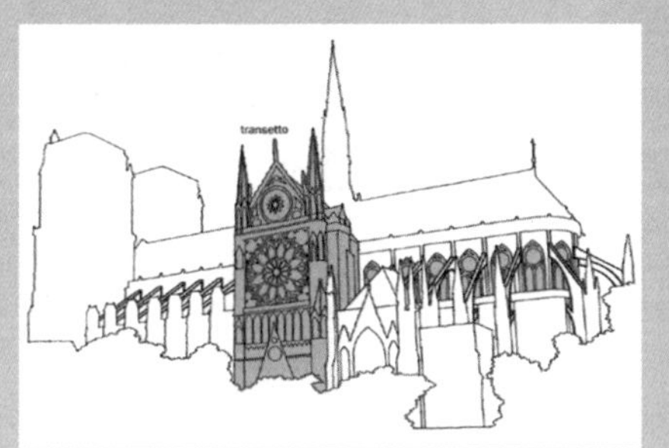

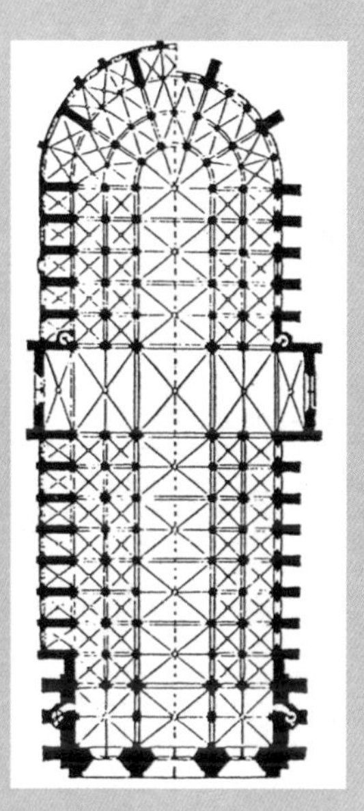

巴黎圣母院平面图。

奥维多（Orvieto）大教堂内部

分隔殿堂与殿堂之间的拱门很宽敞。又长又直的廊柱、屋顶和地板之间光线的明暗变化，以及满布于柱子和墙壁上的双色装饰，让空间产生微妙的动感。

圣玛利亚教堂内部，佛罗伦萨

边，它的门是面向另一边的，和教堂大门的方向不同。

哥特式教堂中的耳堂非常漂亮，通常都会有和教堂正门一样雄伟的大门，整体建筑也分成三部分，四周被美丽的塔楼环绕。沙特尔大教堂就是一个最好的例子，这座教堂总共有九个大门，其中有三个设置在教堂的正面，这三个门中包含著名的雷阿勒（Reale）大门，这个大门在一一九四年，一场侵袭教堂的大火中，竟然奇迹般地保留下来，而且毫发无伤；另外六个则分布在两边耳堂的正面，半隐在精美的雕拱之后。如此重视耳堂的装饰和建造，在哥特式艺术出现之前，是不曾有过的情形。

位于同一边的耳堂和侧殿之间的空地，会有一道拱廊。拱廊从教堂侧殿最后面的唱诗台那里延伸出来，一直连接到耳堂旁边。由于建筑师沿着整道拱廊，设置了一系列的小祭台，所以侧殿唱诗台的雄伟也被衬托了出来。

玛尔布格（Marburgo）圣伊丽莎白教堂的中殿

尖拱与尖顶交叉拱顶错落有序。这个教堂大厅中的几个殿堂高度均相同，各殿组合成三叶状。这种三叶状建筑结构是莱茵河地区一种典型的建筑形式。

让柱子更多一点

在教堂的里面，区隔空间的东西是一组尖拱门。这些尖拱建造在造型细致的方柱上面，这种方柱很特别，上面还盖着许多的半圆柱。跟从前的教堂建筑相比，哥特式教堂内部的方柱与方柱之间盖得比较密，这又是哥特式建筑的一个独特之处。

中世纪艺术家的社会地位

在中世纪以前的意大利，艺术被当作是手工业的一种，下订单的客户高高在上，而艺术家的社会地位很低，他们就像是工匠一样，负责制作精美的作品，却不能留下姓名。但是，这种情况到了十二世纪，突然有了改变。当时的建筑师和雕刻家，在群众的支持下，开始在作品上署名。获得有力人士的支持，是艺术家博取社会认同的一种好方法，例如，彼得拉克（Petrarld）、薄伽丘（Boccaccio）等人，就曾经写文章赞誉乔托（Giotto）、西蒙·马提尼（Simone Martini），将他们和古代艺术家与诗人相提并论，大大将他们的社会地位提升到“精英”阶层。

不过，并不是所有的艺术家都得到了这样的待遇，因为毕竟只有某些杰出人士才能获得这些殊荣。总而言之，当时的艺术家尚未在现实生活中产生重要的影响。

十三世纪到十四世纪之间，工会和行会的制度出现在欧洲社会中，这些组织开始对培养艺术家的方式进行管制，对于艺术品的鉴赏，也施加了一套标准，这种强迫艺术服从于规范的做法，几乎使艺术家们的创造力窒息。这段期间，艺术再度被视为一种手工业。所幸到了十五世纪，艺术理论上的突破，大大影响了艺术家的日常生活，并且改变了他们与艺术品订购者之间的关系。

空心的墙壁

在哥特式教堂中，墙壁并没有稳定建筑结构的作用，因此，墙壁的构造可以非常简单。科罗尼亚（Colonia）大教堂的中殿就看不到任何有形的墙壁，它的下半部空间由尖拱架出来，上半部则由无数轻巧的圆柱支撑着尖拱，形成一道道纵向的拱廊，而拱廊撑开了中殿上半部的空间。在拱廊最深处则辟了大扇的窗户。

科罗尼亚大教堂中殿的墙壁
每一个方柱上都有一座圣徒的塑像，而每个塑像头上都装饰着一个华丽的盖子。这些成列的方柱是建筑结构中，唯一的实心支撑物，而中空的拱门、拱廊与如薄膜般的彩色玻璃墙，则负责将空间区隔开来。

在哥特式教堂中，建筑师们将交叉拱顶覆盖着的正方形分割成两个一样大的小长方形，这样一来便多了两根方柱，方柱的数目因而比原来更多了。

这样做有两个好处，每根方柱所承受的侧推力大约可以减少一半左右，因此建筑师可以放心在柱子上建造斜度很大的尖拱拱肋，也可以在屋顶上盖出挑高很高的尖顶交叉拱顶，建筑物的垂直感也就相对增加许多。

过分追求垂直感

当我们走进一个哥特式教堂，通常最先感受到的就是那令人屏息的高

连环拱廊

哥特式教堂的特点之一，是外墙上都会有一道设置着君王或圣徒雕像的尖拱拱廊。尖拱之下的廊柱是圆形的柱子，拱与拱互相连接成一道连环的拱廊。雕像就放在拱门下面。每个雕像虽然举止动作相仿，但手势略有差异。

这些雕像的表情都很严肃，胳臂紧贴着身体，两脚垂直站立，肩膀和腰部刻得并不明显，衣服的皱褶垂直往下伸，线条感觉很生硬，但是因为每条线都互相平行，看起来和一旁圆柱的凹槽很像，反而拉长了视线，使建筑产生往上飞升的感觉。每个雕像脸部的神情不一，代表着不同的性格。雕刻师表现雕像神情的手法非常细腻，常常只是将眼尾线条延长，或是用很细微的线条让嘴唇泛出一丝淡淡的微笑，就很传神的呈现出人物的情绪和性格。

沙特尔大教堂南边外墙上的连环拱廊，就是一个很典型的范例，反映着哥特式教堂建筑和雕刻之间的密切关系。

沙特尔大教堂左侧耳堂的彩色玻璃窗

度。这种效果不仅来自于中殿本身真正的垂直高度（巴黎圣母院高三十五公尺、兰斯大教堂高三十八公尺、亚眠圣母教堂高四十二公尺），也来自于中殿的宽度与高度的对比。由于宽度要比高度少很多，因此看起来也就显得很高，几座具代表性的哥特式教堂都是如此，例如沙特尔大教堂的宽高比为1:2.6；巴黎圣母院为1:2.75；而科罗尼亚大教堂的比例甚至达到1:3.8。

不过有的时候，过于追求垂直感也不是件好事。例如，建造于一二七二年伯维圣彼尔大教堂唱诗台的拱顶高度，就曾创下四十七点五公尺的惊人纪录！但不幸拱顶只维持十二年就崩塌了。

空心的墙壁

在哥特式建筑中，墙壁并不需要负担稳定建筑结构的责任。因为建筑中所有构造的重量，都会从拱顶开始，慢慢传递到方柱；而尖拱拱肋所产生的侧推力，则会经由飞扶壁传到扶垛，而扶垛是直接落在地面上、深扎于建筑

哥特式艺术中的光线

在哥特式教堂建筑中，光线扮演着非常的重要角色，这不但是前所未见的，也是哥特式艺术中一个具有突破性的新概念。这个时代的建筑师们，完整地建构出方柱和拱顶的力学系统，用大面积的彩色玻璃窗来取代墙壁，创造出如一层薄膜般的墙壁。

这种墙壁营造了意想不到的效果。白天，太阳光透过窗子，射到教堂内部，产成许多耐人寻味的感觉，这些亮光，可以照亮殿堂、回廊、耳堂，并且在礼拜堂金银器皿光亮表面上引起反光。

“当后面新建的部分，与旧有的前面部分连接在一起的时候，整个教堂将因为新建筑闪闪发亮的中央殿堂，而显得辉煌夺目。所谓的光明，就是所有光明之物的亮光结合在一起。为光线所掩盖的高贵建筑是光明的。”重建了圣丹尼斯（Saint-Denis）修道院的唱诗堂之后，接着想修建教堂中殿的修道院院长苏格（Suger）这样写道。由此可见，当时的人们对光的渴求是如此强烈！光线似乎照亮了苏格院长的眼睛，让他内心充满光明。因此在重建计划中，他一次又一次地使用了“光线”与“光明”这两个词。这种夸张的语气，正好可以表明当时人们对于光明的极度渴望，因此，他们决心采用新的建筑技巧，将罗马式教堂的阴影驱散。

对光线的追求是十二、十三世纪基督教文化中一个反复出现的主题。像托马索·阿基那（Tommaso d'Aquino）及乌格达·圣维多雷（Ugoda San Vittore）这样的出类拔萃的神学家，都认为“美”在于比例的谐调，以及光明。乌格达·圣维多雷这么写道：“光线并无颜色，但它照亮他物，彰显了他物的颜色。”这个主张让光线的美学意义与光的哲学意义紧密相连，与乔凡尼的《福音书》，以及圣·奥古斯丁的著作中所表达的思想相同。这种思想表明的是：上帝即光明，而创世界即为神光之举。

彩色镂空玻璃窗

沙特尔大教堂的四联式窗户

造型细致的小圆柱把窗户分成四格，小圆柱的末梢承接着三叶状的尖拱；窗户顶端的部分是由许多“多叶瓣状的尖拱”和菱形所构成的精美几何支架。

沙特尔大教堂一百七十六扇窗户中的一扇：窗玻璃上垂直分布的彩绘图案突显了向上飞升的感觉。太阳光透过这些颜色鲜艳的玻璃洒入教堂，照亮了内室，也照亮了窗户上所描绘的《圣经》故事，营造出奇妙的光线效果。

物外侧的泥土中，所以不必担心建筑物会垮下来，而可以大胆利用空心的拱廊和薄膜似的大玻璃窗，来代替实心的墙壁。

哥特式建筑的墙壁几乎都是空心的，最多只有一层薄薄的彩色玻璃窗而已。这是哥特式风格的一大创举，即墙壁变得不再重要了。如果将哥特式建筑的墙壁全部揭去，整座建筑的骨架会一目了然地呈现在眼前，会像现代混凝土建筑物的钢筋结构那样，看到哥特式建筑的整个架构方式，最后虽然只剩下方柱、屋顶上交错的拱肋、墙外的飞扶壁，以及扶垛，教堂的结构却还是很坚固。

拱廊

仔细观察哥特式教堂的内部，会发现每个殿堂的两边，都林立着一排整齐的方柱。方柱上面承接着尖拱，在屋顶上交错。而中殿殿堂的上半部墙壁，往往还会有一个更特别的设计：每两根大方柱的中间上面都会有一个拱门，而一个个拱门则连成一道环绕着建筑物外墙的小拱廊。这种小拱廊的两边各用一整列轻巧的小圆柱作为廊柱。在哥特式教堂中，除了中殿，侧殿的外墙上也常常有这种拱廊，例如科罗尼亚大教堂就是如此。这种小拱廊是中空的，而且是建筑中一个重要的采光源。

彩色玻璃窗

哥特式教堂的高处以及唱诗堂中，都有几扇宽敞的大窗户。这些窗户也是尖拱形的，而在这个大尖拱中，又通常会包含着两个以细圆柱为拱柱的小尖拱，所以这种窗户被称为“二联式”窗户；也有些是容纳了四个小尖拱的“四联式”窗户；至于窗子内尖拱数量不等的，则是多联式尖拱窗。

神秘的飞升感

科罗尼亚大教堂中殿呈现出不寻常的飞升状。这种效果因其宽度与高度之极大的反差而加强了。宽与高的比例为 1:3.8，冠哥特式建筑之首。同时，可明显地看到众多拱肋往上升，汇集于尖形交叉拱顶之最高点，即拱顶石。这是有意设计的。

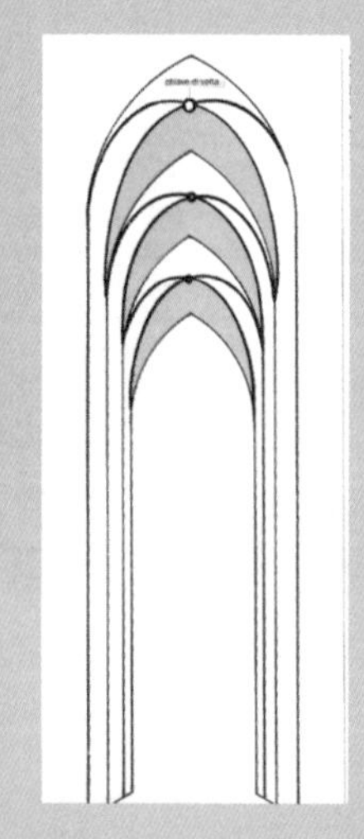

科隆大教堂的中殿自一二四八年开始建造，这座教堂极力追求垂直感，从内部尽可能挑高，营造出相当强烈的神秘氛围。殿堂边成排的方柱，垂直度很高，虽然是接起来的，但看起来几乎没有任何的断续，这点更加深了教堂的飞升感。事实上，建筑师用了很巧妙的方法，来克服方柱垂直结构的断续感，他们在方柱上加入了柱头、突出的小框架等水平方向的建筑元素。

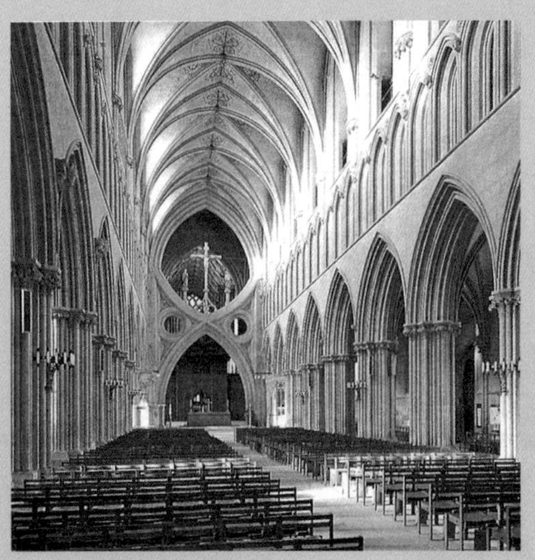

▲英国威尔斯大教堂的正面与内部
这座教堂是在一二三〇到一二四〇年之间建造的。正面统一用一面由神龛、尖拱和扶垛所组成的墙壁，很协调地将三个殿堂连接在一起；建筑最下层的部分高而厚，开辟了三扇小门；层与层之间用美丽的雪檐隔开，而这个水平方向的元素，抑制了建筑物的垂直飞升感。

◀由于一三四〇年前后，人们又在中殿与两个耳堂的连接处，各加建了一座巨形塔楼，所以在中殿的大礼拜堂里面，也加盖了两个上下相反的大尖拱，让它们互相顶住，来稳固建筑结构、支撑中殿。

多联式尖拱窗的上半部是镂空的，镂空的孔中间有一个圆，圆上也刻镂着许多图案，通常是植物叶子的叶瓣形状。窗户的玻璃上描绘着彩色的图样，色彩鲜艳强烈，以紫红、紫罗兰色与碧绿色为主。光线透过这种彩色玻璃，在教堂室内营造出一种温热、光明的气氛，使人们一走进教堂便沉醉其中。

除了为教堂内部带来光亮，彩色玻璃窗还如同一位中世纪教徒所说的那样：“为不识字而无法阅读《圣经》的普通人，描述信仰的真谛。”玻璃窗上彩绘着情节丰富的《圣经》故事，就像是现代书籍中的彩色插图或是连环漫画一样，默默讲述着基督教的传说和教义。而且当光线透过彩色玻璃时，玻璃上的透明度正好替上面所描绘的《圣经》故事添加了一份奇异的神秘感。

轻巧高挑的飞升感

哥特式教堂的外观均有一个共同的特征：看起来很轻巧、高挑，感觉不断垂直地向着天空飞升而去。为了营造这种垂直飞升的效果，教堂正面一切水平方向的线条和建筑元件，都巧妙地被垂直方向的元件和大量的开口，像是大门、尖拱门、大扇的多联式尖拱窗、玫瑰窗和直立的塑像这些东西所掩蔽了。因为建筑外墙大多是空心的，墙壁的阻隔性和厚重感也就不存在了，建筑物轻盈、缥缈的感觉因此而生。

另外，盖在建筑物周围的塔楼，也是使教堂产生飞升感的一个重要元素。在哥特式艺术摇篮的法兰西岛上，有些古老教堂的周围也都盖着塔楼。而塔楼顶端放着钟铃的那一层通常是中空的，只有支撑用的柱子而已，否则就是辟着很大的开口。塔尖通常是锥状或金字塔状，看起来又尖又细，仿佛是吸收了整座建筑中所有的线条，将它们集中在一起，再一口气往高处抛送。

沙特尔大教堂正是这种建筑物竭力追求垂直飞升感的一个优良示范。建筑师首先运用三条水平的雪檐，将教堂的正面分为三层，并在底层开辟了三扇从墙壁上斜削凿出来的尖拱大门。斜削的边框是一组重叠的尖拱，边框上有许多繁复的雕刻装饰。建筑正面的中层则开了三扇大窗户用来采光；而最上面的那一层的重点则是玫瑰窗。

玫瑰窗是哥特式建筑中一个非常重要的典型建筑元素。它是以石材做出来的镂空圆形窗，非常精细雅致。这种呈放射状设计的窗棂在当时的基督徒心中，有着双重的象征意义，它既是耶稣的象征——太阳，又是圣母玛利亚的象征——玫瑰。

它的功能也是双重的：一方面，它是教堂最重要的采光源，控制着殿堂内的光线变化，光线透过玫瑰窗上的彩色玻璃照进室内，会让殿堂变得更加五彩缤纷，营造出庄严浓郁的效果。另一方面，玫瑰窗可以减轻外墙的厚重感。

哥特式建筑的正面外墙通常还有尖拱形的连环拱廊，或者可以说是一组神龛，每个神龛中都摆着一座塑像。连环拱廊和玫瑰窗一样，减轻了墙壁的厚重感，同时也将环绕着教堂的塔楼连接在一起。

扶垛

沙特尔圣母大教堂局部

飞扶壁从建筑物外侧独立加盖出来，一直延伸到下面支撑的方柱——“扶垛”上。扶垛的作用在于加固墙壁，并且把从拱顶产生的侧推力疏导到地面。

独特的力学系统

教堂中殿外墙上还有一种特殊的构造，就是飞扶壁和扶垛。这两者在支撑哥特式建筑的结构上非常重要。“飞扶壁”是盖在拱顶外围的支撑物，通常会从中央殿堂的尖顶拱顶下连接到侧殿的屋檐上。它的作用在于承接尖拱所产生的侧推力，并将这种侧推力传递至建筑物外墙上的柱子上，让力量通过方柱或圆柱传导到地面上的另一个坚固的支撑物——“扶垛”，最后落入地下。

为了使建筑更稳固，飞扶壁可能会有两排以上。有时候，飞扶壁会隐藏在高耸的小尖塔下面，或者和雕着植物图案的教堂尖顶融成一体。小尖塔和尖顶也是哥特式建筑中的特色，但是除了用来加强扶垛之外，并没有其他功能，主要是用来突显建筑物向高处飞升的感觉，使建筑物显得更加轻盈、缥缈。

最上面的飞扶壁和屋顶连接处会有一道沟槽，用来承接中殿屋顶的雨水，再送到下面的沥水架，这些沥水架的雕工非常精细，但是形象通常都比较丑陋，因此被称为“滴水兽”。而有趣的是，粗心的旅客经过这些沥水架时，常被洒下的雨水浇成“落汤鸡”，因此这些沥水架又被称为“小淋浴”。

《月份之主——二月》
费拉拉（Ferrara），教堂博物馆

《月份之主，九月》
费拉拉，教堂博物馆

无所不在的雕塑

哥特式教堂还有一个相当重要的特征，就是建筑结构与雕刻、塑像之间，存在着非常密切的关系。这是因为前面提到过，哥特式教堂几乎没有实体的外墙，而浮雕类的大塑像、尖拱中的小塑像，都是建造墙面的重要元件。另外，尖顶、方柱、玫瑰窗和扶垛上精细的雕纹、小雕像等等，不仅担负了装饰功能，同时也传达着教堂建筑的宗教意义。

这些雕刻和塑像最主要的题材来源就是宗教。由于数量众多，且遍布整个建筑物，所以简直使教堂成了一册大型的立体图书、一部充满石刻人物像，搜罗了历史长河中人类全部知识与经验的百科全书。

建筑中的雕塑主题绝大部分都是与宗教有关的，但其中也不乏一些以俗世生活为题材的作品。跟宗教相关的雕塑，目的在呈现宗教意识，内容皆取材于《旧约》或《新约圣经》，可以分为塑像与浮雕两种类型。在塑像方面，除了基督、圣徒、使者与先知的独立塑像之外，也有把象征人物的物品，和人物本身结合，刻成一体的雕像，例如圣彼得与钥匙、圣巴巴拉（Santa Barbara）与塔、圣玛格丽特（Santa Margherto）与龙、约拿

门楣

门楣上的雕刻创作于一二二〇年前后。这面大门因为雕刻的图案而有“末日审判大门”之称。中间的是执行审判的耶稣，旁边为圣母玛利亚、圣乔凡尼及捎来耶稣受难的象征物的圣徒。雕饰非常紧密，几乎占据了全部可利用的空间。这是哥特式大门的特点之一。中间的方柱上还雕着一座雕像。该方柱被称为门像柱。

巴黎圣母院正面中央大门的装饰设计图

此正门被称为末日审判大门，反映出哥特式艺术将建筑与雕刻和谐融为一体的特点。大门由墙壁上斜削出来的众多深削口构成，曲折不一，完全是雕凿出来的。拱上刻着天堂审判庭的天使及圣徒们。柱基上则刻着善与恶的象征。

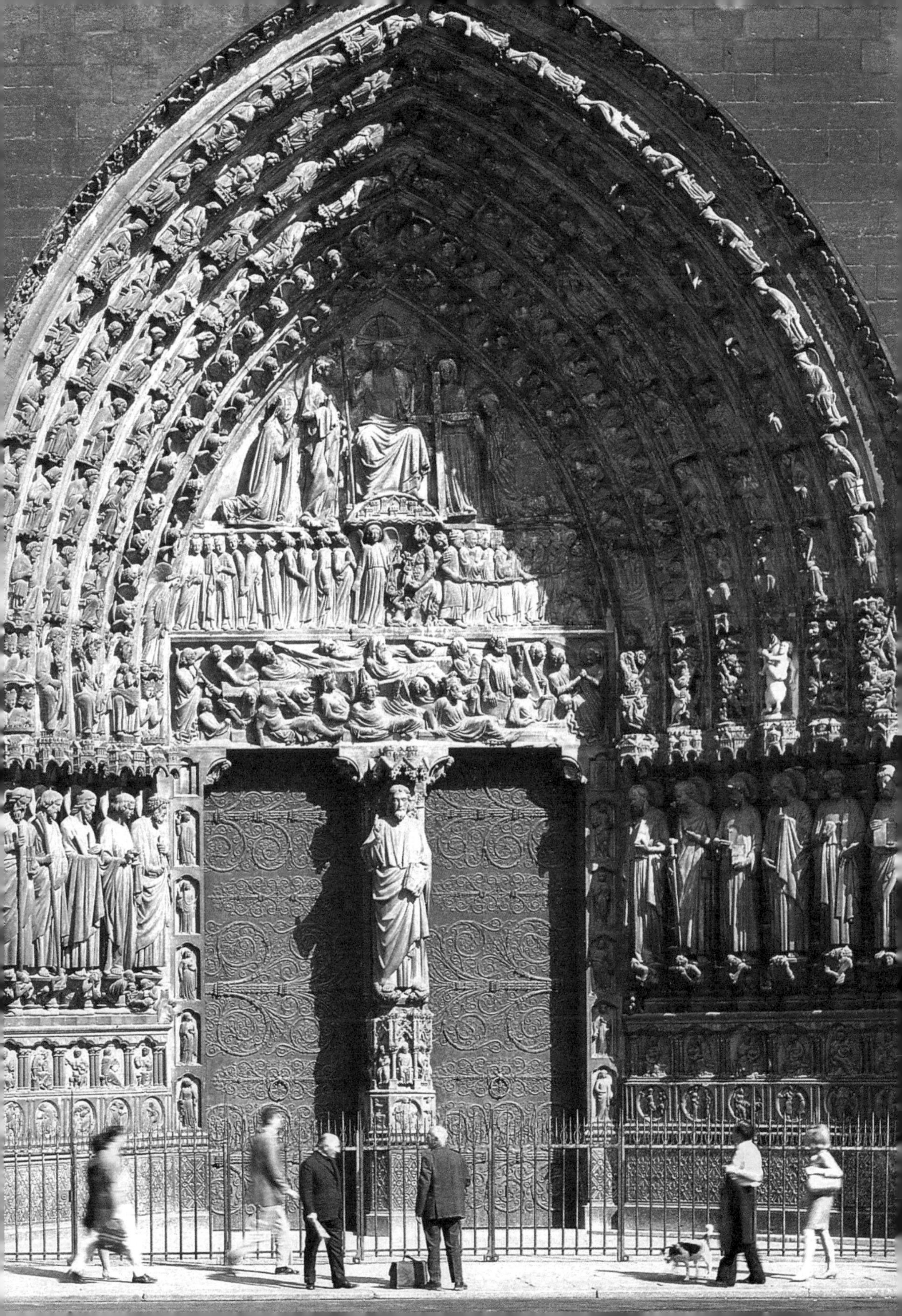

圆柱雕像

沙特尔大教堂大门上的雕像是典型的“圆柱雕像”，即是放在圆柱上的圣徒或先知雕像。这种雕像是很立体的浮雕，虽然在柱子上看起来很突出，但却仍然和建筑结构紧紧相连，一方面平衡了教堂飞升的感觉，让建筑看起来比较稳重，另一方面又由于姿势是直立的，并不会破坏建筑的垂直感。

建筑师使用两个元件让圆柱雕像定位，一个是雕像头顶上的华盖，形状是多叶状的；另一个雕像脚下的基座，基座雕工很精细，上面也有人像。尽管这些圆柱雕像看起来都很相似，但是其中还是存在着细微的差别，例如它们的手势各不相同，脸部表情也有差异。最后一座塑像面向教堂正面，以标示大门的入口方向。

沙特尔大教堂南边中央大门的圆柱雕像，雕刻于一二〇〇年至一二一五年间。

《地狱景象》，奥维多大教堂正面第四根方柱上雕着的《末日审判》浮雕局部，由罗伦佐·马达尼（Lorenza Maitani）创作。马达尼不仅是一位理性的建筑师，同时也是一位擅长描绘情感的雕刻家。这片浮雕充满戏剧性，充分表达了人物的情绪，图中这些受到惩罚的人们，被可怕的魔鬼掳掠到地狱去，哀号扭曲的表情，令人心生胆怯。

（Giona）与鲸鱼等。而面积比较大的浮雕，则常常直接采用宗教故事中的情节作为主题。例如，“末日审判”是基督教故事中一个很重大的事件，也是决定基督教徒生命的关键时刻，因此常常被雕刻在教堂正面中间的大门之上。

至于与宗教无关，以俗世生活内容为题材的雕刻，最常出现的作品是将“七项自由艺术”——语法、修辞、辩证法、算术、几何、天文、音乐，以具象的象征物呈现出来，常用的手法是：以一根细杖来代表语法；以一块黑板来代表修辞；以鬈发、蝎子或蛇来代表辩证法；以算盘来代表算术；以指南针或铅锤来代表几何；以球体或六分仪来代表天文；以笛子来代表音乐。

除此之外，还有以农忙景象象征一年中的各个月份、直接雕刻一幅星相图，以及以历史上发生的事件作为题材的雕塑作品。由于这类型的雕刻与人们的现实生活息息相关，因此当代的人、事、物被直接刻在教堂的墙壁上不但不奇怪，反而是很常见的。例如，法国的许多教堂中都设有一个“国王画廊”，画廊中有一排从卡洛（Carlo）大帝开始的各代君王肖像。

从哥特式建筑开始，用雕像来装饰教堂外观便成为一种建筑上惯用的美学原则了。而除了被放在连环尖拱拱廊下的雕像之外，这一尊尊装饰在柱子或墙壁上的雕像，放置的时候都会用两个元件来帮忙定位，一个是悬空放在雕像头顶上的华盖，一个是雕像底部的基座。

雕刻在哥特式建筑中，不仅在外墙的构造和装饰上扮演重要的角色，对于建筑物最重要的大门也贡献良多。前面提到过，哥特式教堂的尖拱形大门，是由墙壁里面一层层向两边斜削出来的，两侧的众多斜削口连起来，就是一道深深的拱门。而在每个斜削口的下方，也就是直立的部分，都设置着一座雕像。斜削口上面弧形的部位，则雕了一系列装饰性的浮雕以及小塑像。而在将大门分成两半的中央门柱上，也都会有一座雕像。

大门门板及靠近大门附近的雕刻图样，则大多取材于自然界的景物，模

皮亚琴察（Piacenza）宫的回廊局部

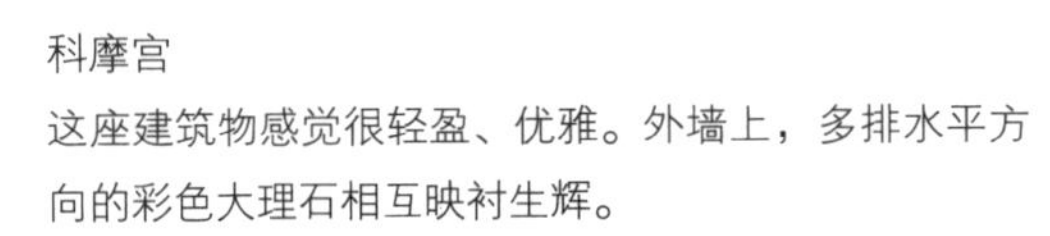

科摩宫

这座建筑物感觉很轻盈、优雅。外墙上，多排水平方向的彩色大理石相互映衬生辉。

奥维多宫

仿植物的生长形态，常见的有玫瑰花丛、草莓丛、蕨类植物、栎树叶、枫树叶等，不一而足。这些雕刻都很生动精美，仿佛生机蓬勃地生长在建筑周围的石壁上。

改变中的城市景观

哥特式辉煌的宗教建筑，最后成了世俗建筑的样本与范例。许多建造教堂的技巧和构想，也被用来建造民间的建筑物。例如，在城堡、房屋、桥和宫殿的旁边，通常都会建着一座教堂建筑周围常见的高耸塔楼。有一些为兄弟会及慈善机构所建造的医院，便是如此。

这个时期，人们开始在城市的外围建造起坚固的城墙，而城市内的景观和建筑物也变得很多样化，甚至有点杂乱。城中街道很狭长，顺着地势蜿蜒。民众不再使用木头来盖自己的房屋，而频繁地采用石材。尤其那些贵族们的宅邸，通常都是石材打造的，因为他们希望在有需要的时候，也就是请客、招待贵宾的时候，自己的家能够像气派的城堡一样，衬托自己的身份地位。这些贵族的宅邸通常直接建在街道上，短边面向大街，而且会开辟一个宽敞大门。大门的下方是一系列拱洞，类似现在的骑楼，可以容纳各式店铺与仓库，而宅邸上面的楼层则是贵族家眷们的房间。

城堡式的宫殿

在民间建筑里，阿维隆尼（Avignone）的教皇宫殿是最典型的哥特式大型建筑，由风格简朴的旧宫及优雅的新宫组成，旧宫是皮尔·普松（Pierre Poissoll）为贝内德多（Benedetto）十二世所建造；新宫则是尚·德·卢比埃（Jean de Loubieres）为克莱蒙特（Clemente）六世而建造的。理论上，这组宫殿应该建得和大教堂一样轻盈、直逼云霄才对，但是当时的教皇处境很困难，有时甚至还得拿起武器来自卫。所以，建筑师们只好建造出这种类似城堡的宫殿。宫殿的墙壁相当厚实，上面筑有城堞；窗户很狭小，犹如射击口一样。而如此狭小的窗子，也不会损害到整面墙壁的厚实性。

赋予建筑动感以及飞升感的是巨大的尖拱式神龛，以及高高的塔楼。宫殿的各个角落，都盖了高耸的四方形塔楼，在塔顶还建造着防御用的观察台和墙堞；其中，最重要的一个塔楼是天使塔楼，在教皇居住的卧房旁边，担负着保卫教皇的使命。在这组宫殿之中，还有一个华丽的庭院，庭院周围建着许多房舍，分别是给教廷中各个成员居住的。另外，旁边有一个漂亮的小

防御地形

中世纪城市的房屋大多不使用木材，而以石头或砖块为建材，直接盖在街道上。房屋的正面都很狭窄，屋顶的倾斜度很大，也是往高处伸展的建筑物。在气候愈是严酷的北方国家，这种情况愈是明显。

蒙·圣米歇尔街

中世纪的城市外围都有坚固的城墙。如由天空向下俯瞰整座城市，会发现城市的平面景观起伏不定、不太规则，这是因为街道通常都是顺着地势开辟的，而出于防御的目的，住宅都会建在坡度较高的地方，而街道显得狭窄、弯曲，时而上坡时而下坡。

佛罗伦萨旧宫，建于一二九九年与一三一四年之间。

礼拜堂，面向着这个庭院。宫殿中的各个房间都以美丽壁画和雕刻来装饰，感觉奢华优美，和整座建筑物军事性的外观形成鲜明的对比。

这种带有军事性的建筑物是为了满足现实的需要而建造的，因此并不像大教堂那样极力追求艺术之美。不过，虽然说这种建筑带有军事性，但实际上却只是借助坚实的城墙、高高的塔楼、筑有城堞的碉堡、城墙上的巡逻道为弓弩手所设置，或是用来向侵略者抛沥青、沸油的射击孔等等设施，来做消极的抵御而已。在众多这类型的建筑里，普利亚（Puglie）所建的曼特（Monte）堡，相当具有美学价值，足以作为代表。

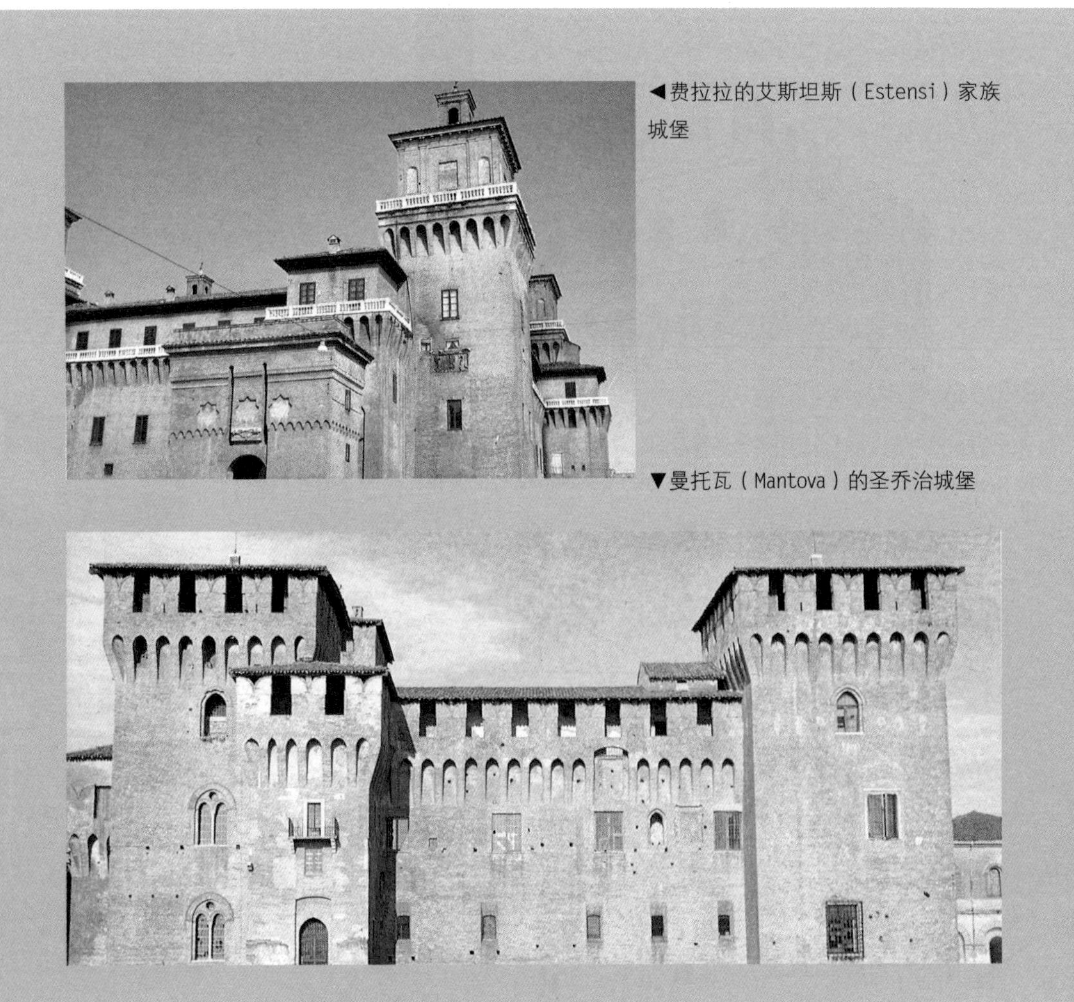

◀费拉拉的艾斯坦斯（Estensi）家族城堡

▼曼托瓦（Mantova）的圣乔治城堡

城堡别墅

这是一座很典型的哥特式军事建筑物。在厚实的建筑主体四周，塔楼高高突起。这样，任何可疑的攻击者都会被监视到，可以保证防卫无死角。

上图是曼特（Monte）堡的平面图，布局严谨，是依照圆的几何学原理设计而成的。整个结构都是八角形的：坚固厚实的城墙是八角形、宽敞的内院是八角形，散布在城堡各个角落的塔楼也是八角形的。

城堡式的教皇宫殿

阿维隆尼的教皇宫殿

右边的新宫是尚德卢比埃为克莱蒙特六世建造的。虽然仍然建造了许多类似城堡的军事防御设施，但与旧宫相比，外观要显得优美多了。

新旧两部分的宫殿是依据不同的建筑概念建造完成的，这一点可以从窗户的结构上看出来：旧宫的窗户狭小，如射击孔，位置高，易于防御；而新宫的窗户宽敞、明亮，几乎和大教堂的彩色玻璃窗差不多，而且上面没有城堞。

新宫所采用的建筑技巧与大教堂的建筑技巧是一模一样的（只是新宫增建了防御所需用到的厚实墙壁）。

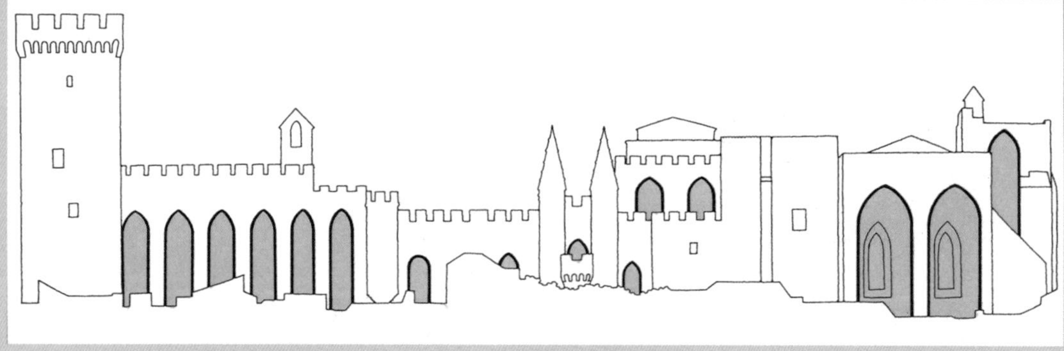

雕　塑

在哥特式建筑中，雕刻作品主要用在教堂外墙的装饰上，教堂里面几乎看不到。大致上可以分为浮雕和雕像两种，雕像的身材颀长、高挑，和整座建筑物一样，展现出垂直向上的感觉，而且往往会以站立的姿态被摆在神龛之中。这些神龛大部分都建在小圆柱上面，顶部有一个华盖，雕饰得相当华丽，而底部则有一个同样华丽的底座。这些雕像的形象看起来都很呆板，衣服的皱褶往往和圆柱上的沟槽差不多，一道道平行往下坠。不过，这种直立、呆板的衣褶是别有用意的，它的目的在于以垂直的线条，加强建筑物飞升的感觉。

《刚刚产下耶稣的圣母》
阿诺夫·迪·康比奥（Arnolfo di Cambio）创作，佛罗伦萨，教堂博物馆

雕像的头部则是动态的，通常面向左边或右边、前俯或后仰；并在脸部表情上，赋予人物一定的特征，例如，圣·费尔米阿诺（San Firmiano）主教神态庄严；圣艾丽莎贝塔（Sant' Elisnbetta）这位年长的妇女，脸上略显听天由命之情；圣母玛利亚则年轻、清新、美丽。这样一来，信徒就可以轻易辨认出各个塑像所刻画的人物。

除了装饰在教堂外墙神龛上的塑像之外，还有一些所谓的“虔爱”塑像，这种塑像的尺寸比较小，除了最常见的圣母与圣婴像之外，还有耶稣与

摆动的衣褶

兰斯（Reims）大教堂正面西侧，处女中央大门的两座雕像：西蒙（Simeone）像与一侍女像

右小图：侍女像的衣褶线条很自然，而且是斜纹、弯曲状的。这是因为人物扭动腰部，让身体重心都落在一条腿上的缘故。

《圣母与圣婴像》，枫德奈（Fontenay）修道院

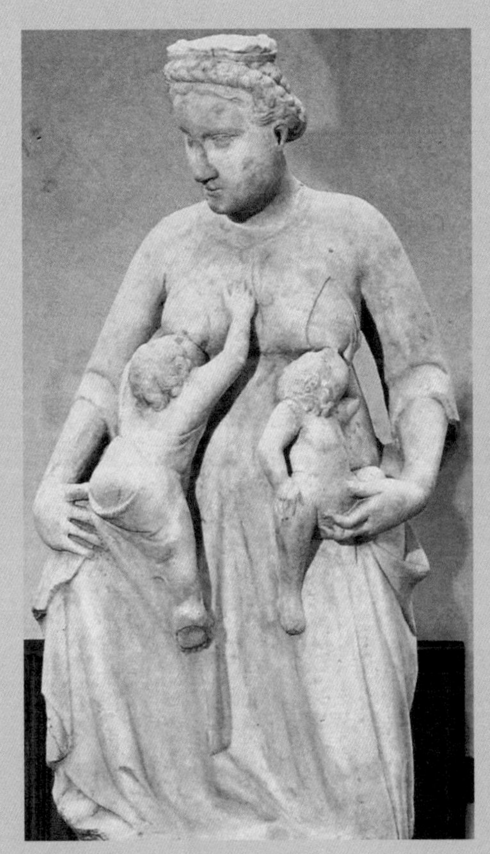

《慈爱》，提诺·迪·卡玛依诺（Tino di Camaino）创作。佛罗伦萨，巴迪尼（Bardini）博物馆

右上及右下：《殉道者圣·彼罗（San Pietro）之石棺》，乔凡尼·巴尔都齐奥（Giovanni di Balduccio）创作，米兰，圣艾斯多杰奥（Sant' Eustorgio）教堂
正式、庄严与激越的深情并陈，抒情与现实相融，古典式的造型之美与富有活力的哥特式艺术特色共存，是乔凡尼的代表作。完成于一三三五年至一三三九年之间，众多助手参与其中。石棺上的浮雕描述的是殉道者圣·彼罗一生中发生过的几个故事，画面繁复紧凑，人物的姿态和表情，时常会重复出现。

圣乔凡尼的双人像（乔凡尼沉睡于耶稣胸前）、圣母玛利亚悲痛地抱着基督遗体像（死去的耶稣平躺于玛利亚的手臂上），以及耶稣受难像等等。一般而言，处女雕像以及所有女性雕像的体型，都显得很修长，而且较有曲线，有时候甚至会被塑造成弯弯曲曲的“S”形。其中，圣母玛利亚的大型塑像不仅常常可以在大教堂中看到，在乡村中的小教堂，或是贵族、富豪之家的小型祭祀场所出现的频率也很高。而这个时期的圣母塑像，大多出自于私人的工作坊。

在这些小尺寸的虔爱塑像中，亦不乏如克鲁玛奥（Krummnu）圣母像这种匠心之作。克鲁玛奥圣母像可能是一系列“美丽的圣母”雕像中，最成功的一座。当时的人是以一位美丽绝伦、抱着婴孩的波西米亚或德意志女人为原型，来创作这些雕像的。

绝对的垂直感

这座圣徒像具有许多哥特式雕刻艺术的特色：塑像的体型修长、上下各用华盖与底座来定位；胳臂紧贴着身体；衣服的皱褶线条很生硬，一条条相互平行下垂，如同圆柱上的沟槽一样；头部与身体的比例遵循着当时的美学标准，是六头身。而脸部表情恬静适然，有一种神圣、肃穆的感觉。

沙特尔大教堂“殉道者大门”上的浮雕中，一座圣徒的塑像

这座塑像是典型的哥特式圆柱雕像。塑像本身很高，是圆柱上一座很立体的浮雕，由于从平直的圆柱上突出来，反而加强了圆柱垂直往上升的感觉。

乔凡尼·毕萨诺创作的布道坛，比萨大教堂

为了更清楚地了解哥特式的雕刻艺术，我们必须先知道下面这一点：这些雕像一开始是经过绘描和着色的。脸部和手部的颜色是雕刻素材的自然原色，头发则着上金黄色，而衣服的颜色往往比较鲜艳而多样，因为衣服上常附有华丽的装饰品，如珠宝首饰、腰带、扣子等等，而袖口上也常常镶嵌着彩色玻璃珠或宝石，呈现宛如天堂般富庶、华丽的感觉。

弯曲的雕刻线条

哥特式艺术中的雕塑，如果被用来装饰建筑物的外墙，线条一定都是呆板、垂直的。反之，如果装饰的位置与建筑物的结构不相关，雕像的姿态就不会是笔直的，而经常会弯弯曲曲、富有一些戏剧张力。这种情形在圣母与圣婴的组合塑像中最常出现。圣母与圣婴像是小型雕塑中最受欢迎的主题，是所谓的“虔爱”之像，适用于私人祭祀的场合。而这些人物身上优美的衣褶，则减弱了塑像的姿势所呈现出的紧张感。

克鲁玛奥圣母像

绘　画

消失的壁画

绘画在每一个时代，都是各种艺术的基础。但我们可以确定地说，绘画在哥特式艺术时代里，并没有发挥出这种基础作用。以建筑为例，由于在哥特式大教堂中，中空的部分多于实心的部分，建筑物里到处是大大小小的开口，几乎看不到什么厚实、一体成形的墙面，所以绘画装饰在这里并没有容身之处。于是，传统教堂墙上的大壁画，从哥特式教堂的墙壁上消失了。

安布洛吉欧·罗兰哲提（Ambrogio Lorenzetti）创作的《良政寓言》局部，西那共和宫

不过在当时，意大利却是个例外。由于在法国、英国、德意志等国家都十分受欢迎的哥特式教堂潮流，也就是垂直感十足、往上攀升、姿态轻盈的教堂建筑，并未波及这个国家。所以，以宗教为题材的一系列大型壁画，得以继续存在这个国家的教堂里。

乔托（Giotto）创作的《圣方济传》（修复过后的画作），亚西西，圣方济各教堂

但是壁画艺术在这个时代，也并不是全然销声匿迹。大型宗教壁画虽然不再出现于教堂的墙壁上，但是世俗壁画却具有一定的重要性。世俗壁画最常见的内容有骑士故事、宫廷生活场景等等，是以现实生活内容为题材的壁画，其功用是装饰城堡、贵族宅第，以及市政大楼的厅堂。世俗壁画的成功，主要是出自于人们的经济考量：比起用昂贵的挂毯画来装饰墙壁，在墙上绘制壁画，成本要低得多了。

朴素之美

史提芬·罗西勒（Stefan Lochner）创作的《圣婴的礼拜》，摩纳哥古代美术馆。
这幅小画（36cm×23cm）是典型的、用于私人祭祀时的画作。笔触细腻入微，处女圣母形象优美，是很经典的哥特式作品。构图被大大简化了，实际上还缺少了常见的圣吉塞贝（San Giuseppe），以及东方三博士等几位人物。

杜契尔（Duccio）创作的圣母、圣婴及两位天使〔圣母克莱佛勒（Crevole）〕局部，收藏于西那教堂博物馆。造型和构图相当细腻讲究，圣母的表情非常温柔。画面中有一个前所未有的创举，画家透过婴孩的手势，让画中的圣母与圣婴两位人物紧紧相连，而这个手法，后来成为十四世纪西那绘画中，经常沿用的惯例。这是一幅全然新颖、脱离旧有框架的创作，它彻底突破了西那地区祭祀用画的概念。

联画的历史

在十三世纪末到十四世纪初之间，意大利的艺术家发明了一种叫作“联画”的绘画形式，即一种将数幅画集合在一个雕饰繁复华丽、镀金画框中的画。联画并没有特定的规格或形式，其外观、尺寸和画幅的数目会随着用途、客户的喜好、画家惯用的技法，或创作地区的民俗风情而改变。

不过，这些十四世纪的联画之间，仍然存在着一些共通性。例如，画幅的数目一定是奇数，通常是三幅、五幅或七幅，排成一系列；每幅画都是长方形的，而画框上面一定有个尖拱；正中间的画幅尺寸，必定比两边画幅的尺寸大。此外，每幅画下面，都会有一幅横放的方形小木板画，称为底画。

以上这几点是最基本的联画格式，但是从十四世纪初开始到十六世纪初，这两个世纪之间，联画的形式不断发展、被突破，结果演变出数不胜数的、有趣的格式。例如，后来还有人想到用铰链来连接各个画幅。这样做，联画就可以变成一个容易折叠、搬运的小祭台了。这种用联画做成的小祭台，通常由两联画或三联画构成，为在家祈祷、做礼拜的人们提供了不少方便。

可惜从一六〇〇年起，这些联画居然开始被拆卸、分割下来，人们将教堂中的联画饰屏取走，送入商人的私人收藏库中，而商人们又将这些多格画饰屏分解，一幅一幅出售，以加倍博取利润。这种情形在十九世纪最为严重。

本来是一体共存的数幅画，如今分散于不同城市、不同国家、不同大陆的博物馆与个人收藏中。尽管这些事情的发生，并未减弱联画的独特魅力，但是，我们仍然不能忽略下列的事实：一件联画作品的重要性，在于其中的各幅画相互间在外观以及色彩上的平衡，亦即每个画幅与总体构造间的关系，因此，后世对联画的分割、肢解让许多重要美学资料与历史资料都流失了。

纯洁的象征物

在视线正中央的一个精美框架内，描绘着美丽的百合花。百合花是纯洁的同义词，拥有强烈的象征性。而花朵和身体部分众多的曲线，则表现出圣母玛利亚的羞怯之态。

西蒙·马提尼（Simone Martini）创作的《圣母领报瞻礼》局部，佛罗伦萨

这幅画创作于一三三三年，用于装饰西那教堂的圣安萨诺小礼拜堂的祭台。平面的人物带着透明感，分布在构图复杂的画面中。

联画

就宗教绘画而言，在当时的欧洲，流通最广的绘画是以木板制作的联画。

当时的贵族或富有的中产阶级，会向画家订购以小木板绘制的画，或用手就搬得动的小祭台，以便在祈祷或举行日常祭祀时使用。而神职人员则会为教堂的礼拜堂订购一整幅画面完整的大画，或者画面切割成数小格的多联大画，来作为装饰屏。

联画在哥特式绘画中很具代表性，并且受到人们的偏爱。联画是由好几个并排的画格所组成的大面积画作，画格的数目不等，有二联画、三联画、五联画……之分。每个画格的画框上面都是尖拱形，或是三叶状尖拱形的，

人性的具体化

《耶稣受难像》，乔托（Giotto）作，佛罗伦萨，圣玛利亚·诺维拉（Santa Maria Novella）教堂耶稣头部低垂，身体呈曲线；而身体的曲线与展开的双臂所构成的平缓弧形成对比。乔托是一位想要摆脱哥特式风格束缚的画家，他弃直线的韵律感，以及当时的美学标准于不顾，充分地追求人体丰腴的感觉。这幅画透过明暗对比，并且借助解剖学的原理，绘制实际的人体比例，以写实的方式，突显出耶稣的痛苦。而且用色也比一般哥特式艺术家惯用的颜色来得清淡、朴素一些。

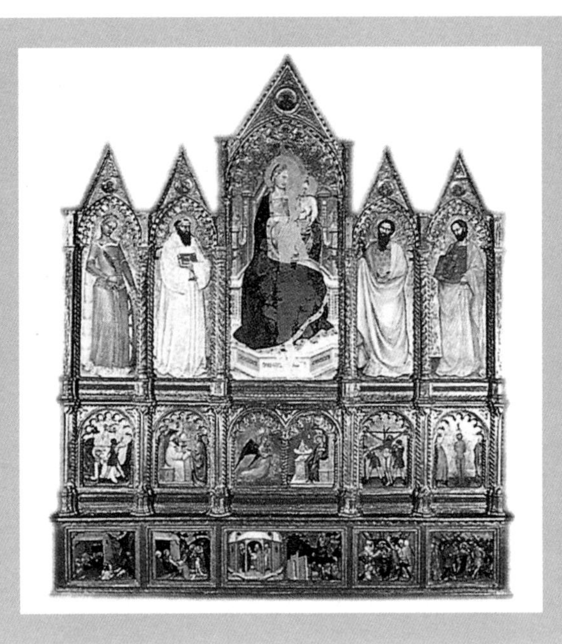

乔瓦尼·达·米兰诺（Giovanni da Milano）创作的五联画，普拉多（Prato）公共美术馆

而两侧的边框则是细致的小圆柱。这种多联画的构成形式，跟哥特式建筑的多联式窗户很类似。不管是画框顶端的尖拱，或是边框上装饰的植物样式图案，都会令人联想起大教堂的建筑风格。联画与手写书稿中的插画的绘画手法，有一些雷同的地方，例如都很注重细节的描绘，画面缺乏景深等等。

联画的画框都有镀金，画中的背景有时也会镀金。如此一来，人物的四周就产生了一种超脱俗世的气氛，而在画面上其他的色彩也会显得更耀眼。哥特式画家从来不想刻意创造画面的景深，因为他们想要呈现的是宗教故事中那种神秘的、超尘脱俗的感觉，如果强调画面的深度，会过于写实。

画中人物的面部表情，都显得温和、恬静、端庄，尤以女性人物为最。画家绘制人物脸庞时，通常会在现实中找一个接近他们心目中理想的人物作为参考，或者从前人的绘画中找出一个模板。因此哥特式绘画中的人物，会略略倾向格式化、统一化。

超脱现实的哥特式绘画

哥特式绘画中所呈现出的世界优雅、美丽、安宁而和谐，各种罪恶、痛苦和日常生活的庸庸扰扰都不见了。当然，图画外的现实世界，并非如此祥和。但画家并不愿意表达这样的世界，他们将自己周遭令人烦扰的现实景况都删去了，也将每日所见的平凡生活省略了。他们笔下所描绘的人物，都是理想化、像贵族般的人物，像是衣摆有波浪般卷动的圣母；披着熠熠生辉的盔甲、既朴实且英勇的骑士；身穿华服美裳、正下跪祈祷的教士……其中，圣母是知名画家史提芬·罗西勒（Stefan Lochner）与西蒙·马提尼（Simone Martini）所厚爱的题材，他们的圣母画像中，都使用了许多曲线，圣母下垂衣摆上的皱褶美丽而生动，里面包含了许多几何图形。

哥特式绘画中的人物常常都被摆在尖拱拱门中，他们是画面中最重要的主角，所以即使艺术家会引入一些像岩石、树木、花草之类的自然元素来创

非现实性

背景为坡度陡降的峭壁，峭壁上绘有格式化的小树；复活后的耶稣身形修长、高瘦，手中持着的十字架手杖，加强了画面带给人的垂直感受。这一切都展现着典型哥特式风格的特点。另外，站立的耶稣位于正中央，占据了整个画面的重心，而那些代表邪恶势力的敌人，则狼狈逃窜，分布于画面的各个角落，这也显现出哥特式绘画中，主角必定居于画面中心的特征。

西蒙·马提尼创作的《圣马丁骑士受封仪式》取自《圣马丁的故事》，亚西西，圣弗斯哥教堂

特瑞朋（Trebon）大师所创作的《耶稣的复活》，布拉格，国家美术馆

一三八〇年左右完成，是威汀高礼拜堂中的一幅装饰画。这位无名的作者因此也被叫作“威汀高大师”。画面以红、绿两色为基调，相当大胆。金星闪耀的红色天空，和画面中大面积的深绿色之间，展现着一种豪迈、粗犷的和谐。

造背景环境，但这些自然元素却只会被粗略地描绘出来而已，到后来，甚至格式化，演变成一种可以挑选的样式图案。不过，这个时期也出现了一些和这些特点背道而驰的绘画，最明显的例外就是乔托（一二六七～一三三七）的画，乔托的画不再描绘脱离现实的天堂景象，而以表达人类的悲欢和命运为己任。

举例而言，当时的耶稣受难图，通常会画着被钉在十字架上的耶稣、站在耶稣身旁的圣母玛利亚，以及乔凡尼的半个身子。但是在乔托的画中，耶稣被画得非常富有人情味，乔托没有沿用传统的美学标准，而是参考解剖学画了一个身形符合人体结构的耶稣。他的画色彩庄严、并且充满着阴影；耶稣的脸部朝下、俯视胸前，透露出内心的痛苦。这与用色明亮、浓烈而细腻的典型哥特式绘画大不相同。

由一位没有留下名字的、被人们称为“特瑞朋大师”（Trebon）或“威汀高大师”（Wittingau）的波西米亚画家所创作的“耶稣复活”，就是哥特式绘画中一个很典型的例子。这幅画以红、绿两种颜色为基调，达成一种粗犷的和谐，并且营造出一种奇妙、如梦似幻的效果。缀满金星的红色天空更增强了这种印象。在大部分的哥特式绘画中，这种非现实、梦幻般的气氛，是画家们追求的目标。他们喜爱用这种氛围来描绘童话、奇迹、骑士传奇，或者神秘的魂灵之事，造就了哥特式绘画的一个重大特色。

次要艺术

把艺术归类为主要艺术与次要艺术，是学者区分艺术作品的一种方法。主要艺术指的是建筑、雕刻、绘画等纯粹艺术作品，次要艺术则包括了彩色玻璃窗、饰品、插画、编织等等工艺类的应用艺术作品。而哥特式艺术风格，给了次要艺术相当大的发展空间，因此在这个时代里，某些次要艺术作品的成就堪称空前绝后。大量被应用在教堂里的彩色玻璃窗工艺，就是一个成果丰硕的例子。

在哥特式艺术时代里，次要艺术的繁盛和社会、经济的变迁，关系相当密切。中世纪末期，由于经济模式的改变，富商与贵族开始在各方面互别苗头。富商们为让自己的宅第看起来更气派，大量购买了珠宝、地毯、画作、插画图书等等，来作为装饰。从前，订购艺术家作品的客户，只有贵族而已，满足贵族的要求并不难，因为他们所要的作品，形式与主题往往都已经被限定了。但是新的富商客户不一样，他们给予艺术家比较大的自由和空间来决定主题、风格和表达方式。整体说来，彩色玻璃窗的技术、金银器皿加工技术以及插画的技术，是哥特式艺术中很重要的部分。

彩色玻璃窗

由于哥特式的教堂大量运用彩色玻璃窗来营造梦幻、并且几乎没有存在感的墙壁，使得彩色玻璃窗的工艺迅速发展起来。它的做工如下：首先将彩色的玻璃板割成一小块一小块，然后用铅来修饰玻璃边缘，再根据画师预先描绘好的图案，将这些玻璃小块拼凑在一起，而比较细腻的部分，例如脸部的线条和衣服皱褶等等细节，则留到最后用黑色的铅所作的颜料来精心处理。一整面彩绘大玻璃窗通常会分割成好几个画面，一个画面描绘一个场景，每一个场景都放在多叶状的框架里，一个框架内包含着一则与《圣经》或《福音书》相关的故事，用来教化信徒。

彩色玻璃窗

哥特式彩色玻璃窗的特点为：构图细腻繁复、人物的轮廓洗练，形象也非常分明，而背景通常是建筑物或是已经被格式化的自然景观。

《东方三博士的崇拜》，瑞典，哥特兰（Gotland）岛上的彩绘玻璃画；斯德哥尔摩，国家古文明博物馆

《耶稣诞生》，瑞典，哥特兰岛上的彩绘玻璃画；斯德哥尔摩，国家古文明博物馆

彩色玻璃窗上的图画是平面的、二度空间的画，只着重高度和宽度，不注重景深；而很少在人物或背景空间上营造景深，正是哥特式绘画的一个特点。画中的背景大多用一定的格式来表现，例如以被小圆柱承接着的尖拱表示室内；用岩石、树木等线条粗略的自然景物表示户外，或是用单调的波浪线来表示在海洋中等等。

为了不使观赏者混淆，画面中的人物通常不多，形体也很小，一样采用平面的手法来表现。不过，这些人物的身材都很修长。人物的特征用手势来呈现，而不是脸部表情。为了吸引观众的视线，他们手势都有点夸张。

一般而言，彩色玻璃窗画的色彩处理很精湛，画师的用色都很明确，最常用的是红、蓝、黄、绿四种颜色。

沙特尔大教堂一块彩色大玻璃窗局部

上面描绘的是耶稣的生平故事，一幅幅场景不同的构图，按照情节顺序来分布。

除此之外，画面构图实在非常详细，即使是很微小的部分也都仔仔细细地描绘出来了。这些彩绘玻璃的画匠，好像想要和插画的画师们一较高下，虽然已经知道观众只能从距离很远的地方来欣赏他们的作品，仍然殚精竭虑地追求画面的细腻度、精确度和优雅的感觉。

金银器工艺

和彩色玻璃窗同样珍贵的哥特式次要艺术品是金银器皿，而金银器皿的珍贵也是因为制作材料本身就非常珍贵。哥特式艺术时代，金银器皿的工艺水平已经相当高了，而金银器皿的风行，不仅仅是因为君主、贵族、中产阶级、宗教界人士非常青睐这类艺术品而已，中世纪人们观念的影响也颇深。当时的人们认为，使用珍贵的材料来制作，可以彰显物品所蕴含的精神价值。因为此时大部分的珠宝首饰、器皿，像是高脚杯、圣体盒、圣物盒、圣体显供台等等，都是祭祀用的圣物，所以秉持着这种想法的人们为了突显圣物的神圣感喜爱采用昂贵的金银作为材料。

现在，这些被教堂与祭祀场所用来突显神圣感，并且炫耀财力的金银器皿，大部分都已经流失了，因为它们的诱惑力实在太大了以至于让各个时代的权贵人士不断争相掠夺。更别说这些美丽的金银器上面，还镶嵌着许多珍珠、宝石、水晶，以及细致的金银雕饰呢！哥特式金银器皿的工艺技巧，也受到许多哥特式建筑概念的影响，例如飞扶壁、尖顶，以及对垂直感的热衷追求等等。最明显的是圣物盒与圣体盒，往往制作得仿佛哥特式建筑的珍贵模型一样，尼古拉斯·维顿（Nicolus Verdun）所创作的三王圣物盒就是如此，这个作品是当时最著名的金银器皿之一，用栎木制成，外观就像一座有三个殿堂的哥特式大教堂一样，中殿比两边的殿堂都还要高，表面全部用银片刻成的浮雕来装饰。装饰的手法也和教堂外墙的装饰方式一模一样：两边

乌格里诺·迪·威尔里（Ugolino di Vieri）制作的圣物盒，创作年代约在一三三七到一三三八年间，奥维多大教堂

威尼斯，圣马可（San Marco）大教堂祭台装饰屏细部

这个装饰屏四周都以庞大而繁复的金、银编织物来装饰，原本镶嵌着许多宝石，如今已经失佚。这个装饰屏上面有八十三个人物以及数不胜数的小圆章，其风格、技巧、做工皆源于拜占庭。虽然完工时间各不相同，但大部分都在十四世纪上半叶，是这个装饰屏被修复之前就存在了。

西那城的金银器艺术

十四世纪的西那城是一个很重要的城市，因为这里的金银器工艺非常发达。而金银器工艺之所以能够在西那城发展得如此蓬勃，和当地自古流传下来的金属加工艺术有很大的关系。古老的金属工艺是从在支撑银板上加工开始发展起来的，支撑银板是作为各种器物的基底台用的，欧洲人原本使用“创地”技术来加工支撑银板，做法是先在银板上凿许多小洞，然后再用无光泽的补料来填充这些小洞，加固银板支撑的力量。无光泽的填充料一个好处便是可以掩饰洞口的凹痕。但是西那城的工匠却反而采用透明的填料来加工，这是因为他们在银板的加工技术上有了新的突破，为了使银板更精美，他们在上面制作了一种叫作“精简人物”的浅浮雕。而在小洞里填进透明的填料，可以让浮雕的背景颜色更加丰富。

现存最古老的西那城金银艺术品是金银匠古齐欧（Guccio）制作的高脚杯，创作年代约在一二八八年与一二九二年之间，现在放在意大利亚西西的圣方济各教堂。提起西那城的金银艺术品，可说是各地艺术拍卖会中一种抢手的热门物品呢！

圣卡尔加诺（San Galgano）圣物盒，创作年代约在一二九〇年到一三〇〇年之间，表面用铜片及银片制作的浮雕装饰，西那教堂博物馆

的小耳堂外观和教堂正面相同；器皿上也有一排和教堂外墙上一样的连环回廊，回廊的廊柱是小圆柱，拱门是尖拱，拱门中摆放着先知、使者或君王的塑像。这些塑像体型修长，和教堂的大型雕像如出一辙。

几何图形

弧形、等边三角形、正方形、多边形等几何图形，是哥特时代的艺术家重要的灵感来源。这个外观和教堂一样的圣物盒的结构，可以轻易地被分解为一组几何图形。

三王圣物盒，金银匠尼可拉斯·维顿创作创作年代约在一一八〇年至一二三〇年之间。科伦尼亚大教堂。这个圣物盒的平面展开图犹如一座三殿大教堂。其尺寸为：长一百八十厘米，宽一百七十厘米。

插画

哥特式艺术时代，还有一种次要艺术也达到了无与伦比的水平，那就是插画。这种插画指的是画在手写书稿上的画，而手写书稿所使用的纸是羊皮纸，因此哥特时代的插画都是画在羊皮纸上的。当时印刷术尚未发明，因此中世纪欧洲的书籍，都还是手抄本。或者可以说印刷仍属于中国的特权，而那时候的中国，在欧洲人的眼里是非常神秘的。插画的发展和“插画书”的制作，关系非常密切，而手写手绘的插画书，曾经一度是修道院的专属出版品。

平面的二度空间画作

哥特式艺术的独特之处，在于将视觉的空间定义在一个平面之中，也就是一种二度空间的艺术。而在这个平面之中，用来当作画面背景的东西，是一些像织品花样的抽象图案，而且也常常使用造型格式化的圆柱来切割画面。通常位于画面正中央的人物是最重要的。由于几乎完全没有景深的缘故，以至于有一些人物的脚互相交叠着。

左图：插画

描绘卡罗·马格诺（Carlo Mugno）送别加诺（Gano）的情景，取材自圣丹尼斯（Saint Denis）的生平记事。这些以世俗人物为对象的插画通常是具有叙事性的；而对于手势和脸部的夸张描绘，则清晰地表现了人物的情感。这些插图使书籍中的文字叙述更为丰富。

马西耶乔斯奇（Maciejowski）《赞美诗集》中的插画，一二五〇年前后编绘，纽约，比尔庞特·摩根（Pierpont Morgan）图书馆

插画的代表艺术家大多都是法兰西人，而以巴黎为最著名、最重要的发展中心。在哥特式艺术时代，人们对于艺术和文化，开始产生狂热的追求。不管是一般人、贵族，或是有钱的中产阶级，都想要得到修道院的手写书稿。为了因应人们的需求，插画艺术家便开始编绘比《圣经》和《福音书》那种大部头的宗教书籍，更容易携带、翻阅的小书。祈祷书就是其中一种，书中告诉信徒在白天与黑夜的各个不同时间里，所需进行的祈祷仪式。其他还有许多以骑士的诗篇、故事、编年史和歌曲集为题材，内容偏向世俗生活的手写小书。

哥特式艺术中的插画有两种，一种是叙事性的，另一种则是装饰性的。装饰性的插画主要都放在书名页或是书中各章节的开头。画家通常会在文章起首的大写字母上，设计一些花边或小图样，这种装饰性的小图样通常只有线条，没有颜色，是阿拉伯式的图案。有时候，这种图案还会扩展成整张书页的边框。图案大多以花、草、鸟、虫为灵感的来源，将其形状简化，美丽异常，后来逐渐演变成各种样式。

对大自然的爱

右页：《六月》，取自贝利（Berry）公爵的《非常富裕的时刻》一书

这本手写插画书非常有名，由波尔兄弟海尼奎（Hannequin）与海曼·德·林布格（Hermant de Limbourg）所绘；尚·哥伦布（Jean Colombe）在一四八五年制作完成，桑迪丽（Chantilly）的贡德（Conder）博物馆收藏。书中的插画着重风景的描绘，且采用了透视法；在背景的处理上很细腻，不再只使用简化过的图案来装饰。图中所描绘的是巴黎城。可以看得出背景中包括了宫殿和教堂，当时，这两座建筑物已经存在了。这幅画有景深，背景和收割的人们显得很立体，笔触细微绵长，充满热爱之情，可以单独成为一幅优秀的画作。

而具有叙事性的插画，则往往会占据整张书页。一幅具叙事性的插画画面，通常会被分割成好几个小格，每个小格各描绘一个场景。这样，一页之中就可描绘一整组前后发生的故事情节。有时候，每一小格的外围还会有一个四叶瓣状的框框，使得整页看起来就像一小片一小片贴出来的彩色玻璃窗画一样；而且，插画的用色也很鲜艳灿烂，仿佛是在刻意模仿彩色玻璃窗画的效果。哥特式插画的风格，和彩色玻璃窗画，以及绘画一样，都是平面的二度空间画，而人物往往身处于镀金的背景之中，显得优美华丽。

画面丰富、变化繁多、颜色灿烂、大量使用镀金装饰，这一切都是哥特式插画出色醒目的地方。再次提醒一下，中世纪的人们认为，事物的外表显得愈是贵重，代表其内在的精神价值也愈崇高，而就插画而言，辉煌夺目代表了手写书稿的精神以及宗教价值。

但插画的主题也并非全是宗教性的。比如说哥特时代，手写书稿中的杰作之一，贝利公爵的祈祷书《非常富裕的时刻》书中插画，即细腻地描绘了一系列反映农民劳动、城市生活、手工艺工匠工作情景等日常生活的景象。

典型的构图

这是典型的哥特式构图：最重要人物摆在中间，衣着很华美，头饰也很繁复，透露出当时的风尚；画面的边框采用已经规格化的拱门样式；衣服的皱褶往下垂，看起来像是几何图形。

右页：《圣卡特琳娜（Santa Caterina）的神秘婚姻》，一幅用来装饰礼拜堂的挂毯画，维也纳，艺术史博物馆；以宗教故事为题材的挂毯画，多用于装饰教堂的礼拜堂

挂毯画

挂毯画也在哥特式艺术时代占据了很重要的地位，这是由于挂毯画非常精美、高贵，正好迎合了当时贵族阶层的口味。所谓挂毯画是一种面积很大，上面描绘着故事的布织画，相当适合用来挂在宽敞、冰冷的墙壁上，而如果房间太大，也很适合拿来划分空间，妥善利用一幅幅美丽的挂毯画，一个大房间就会变成许多小小的、温馨宜人的区块。这种用途决定了挂毯画的题材必定是接近世俗生活的，例如骑士的历险、爱情故事、狩猎场景等等。另外也有像“独角鹿”的民间传说，这种寓言式的挂毯画。

以宗教故事为题材的挂毯画也不是全然没有，只不过这类挂毯画是用来装饰教堂的礼拜堂，或私人祭祀场所的。哥特式艺术到了后期，逐渐有以世俗、宫廷式的氛围来描绘宗教故事的倾向。因此，愈是后期的《圣经》、《福音书》中的故事画，以及圣徒的生平故事画，线条愈是优美精细，耶稣、圣母、殉道者等人物的脸庞犹如贵族的脸庞一样，而他们的服装和发型，则酷似当时在贵族间流行的样式。此外，挂毯画的边框线条流畅敏捷，再次显现了奢华之气和人物所象征的精神性，与非现实的轻灵性格相呼应。

《派遣使者前往罗马》，伊弗・圣丹尼斯（Yves de Saint-Denis）创作，《圣迪欧尼吉（San Dionigi）小传》中的插画，巴黎，国家图书馆

以家族徽章来显示品味

独角鹿显得纤盈、带着优雅的贵族气息、看起来向上飞升，符合哥特式艺术风格的原则。周围一系列线条坚涩、冷硬的人物和景物，和独角鹿的轻盈成为对比，更加突显它的飞升感觉。有趣的是，图中的旗杆与旗子、独角鹿额前的螺旋形的角、盾牌和旗帜上的图案，正是订购该挂毯画的雷・维斯提（Le Viste）家族的徽章标志。

《独角鹿》系列挂毯画中的其中一幅，巴黎克鲁尼（Clung）博物馆

《独角鹿》系列挂毯画中的其中一幅，巴黎，克鲁尼博物馆

六块挂毯画本来挂在布萨克（Boussac）城堡的一个大厅中。用色非常特别：红色的草原与深蓝色的园圃相互衬托，形成醒目、耀眼的对比。最重要的人物位于中间的苗圃之中。画面无景深，由几个互相包围的色块所构成。

Renaissance Style
文艺复兴风格

RAPHAEL VRBINAS
M
DIIII

导　论

被称为“文艺复兴”的艺术运动，起源于十五世纪初意大利的佛罗伦萨。到了十五世纪末，这项艺术运动的风潮遍及整个意大利半岛。在十六世纪上半叶，罗马取代了佛罗伦萨成为主要的艺术中心，创造出文艺复兴运动最辉煌的成就。

同时，文艺复兴运动的风潮也传播到欧洲的其他地区，引发了一场全面性的艺术革命。这场革命几经盛衰，影响持续了数个世纪之久，直到本世纪。

虽然文艺复兴是一次内容复杂多变的艺术风潮，但它创造了一系列独特的典型、共通的原则、方法以及形式。本章将根据它们的共同原则，分析从十五世纪初至十六世纪上半叶期间在意大利及其他地区所创作的作品与特色。

文艺复兴风格的形成有两个主要来源：一个是经过一千年的中断之后，再度被运用的古典艺术形式（也就是希腊和罗马艺术的典型形式）；另一个是一种新的技巧——“透视法”的诞生与应用（“透视法”指的是运用绘图及严格的数学规则，将现实景物以“科学”的准确度，重现在一张画布，或任何其他平面上的方法）。

“透视法”主要运用在建筑上。当时还有许多古典建筑可供参考（人

《派遣使者前往罗马》，伊弗・圣丹尼斯（Yves de Saint-Denis）创作，《圣迪欧尼吉小传》中的插画，巴黎，国家图书馆

们对古代的雕刻、绘画几乎一无所知），同时，其他的古典艺术也再度被模仿、运用。这点可以由这场文化艺术运动发展不久之后就被定名为“文艺复兴”来证明。文艺复兴运动的倡导人自认为是古典艺术的传承者，他们决心让古典艺术的形式及其灵魂“再生”。相反地，他们拒绝与古典艺术时代之后发展的任何艺术形式发生关系。这种态度不仅是由于古典艺术创作在他们心中占有极为崇高的地位，而且他们也坚信，和科学一样，艺术创作也有自己的规则，而古希腊与古罗马的艺术家则可能已经发现并应用了这些规则。

至于“透视法”，则是一连串革命性的发现（从过去的油画、用草图来为壁画打的草稿、骑马塑像被发现、浅浮雕中的“扁平化”技术、在拱门中使用金属支撑等等）中，最引人注目的一种技法。对于新诞生的艺术而言，透视法是一个决定性的元素。因为它，画家可以创作出大家都能理解、预先想象得出最后结果的艺术作品，也就是说，画家们终于可以进行“设计”了。这个技巧如此重要，以至于人们开始认为，一件艺术品的成败关键都在于设计，而非制作。

随着这个观念的诞生，艺术家们也走上了从工匠变成知识分子的道路，这样的演进结果是出人意料的。因为在过去，同业之间的工会在艺术创作中占有主导地位，但从那以后，艺术史已成为从事艺术创作的艺术家们的个人史了。

承认文艺复兴艺术，就意味着要承认不同艺术家的不同表现手法：布鲁内勒斯奇（Brunelleschi），雷昂·巴蒂斯塔·阿尔伯蒂（Leon Battista Alberti）与马萨乔（Masaccio），拉斐尔（Raffaello），米开朗基罗等等，艺术创作成为各个艺术家的个人成绩单。

另外，文艺复兴时期的许多思维、态度、词汇至今仍被采用，比如我们今天赋予“艺术”这个词的意涵；将艺术划分为主要艺术（建筑、雕刻、绘画），次要艺术及应用艺术；对建筑师及工程师的区分（前者负责建筑的设计，后者负责技术项目的执行）；深植于人们心中认为一幅画或一座雕塑，是某个物体的“重现”；以及能以数学方式来区分“美”与“丑”的固定思维等等，这一切都源于文艺复兴运动。

所以，研究文艺复兴运动的典型、有意义的风格形式，代表我们将去追溯不仅“决定”，而且是“创造”今日文明的艺术形式的根源。

皮恩萨（Pienza），皮科洛米尼（Picsolomini）广场

建　筑

在文艺复兴时期，人们认为“创造历史”是个人必须努力追求的目标，至少就那个时期的建筑界而言，确实如此。他们的看法是有道理的，因为这个时期的建筑是十五世纪二十年代，因佛罗伦萨的一位独特、顽固的天才而诞生的，他就是布鲁内勒斯奇。这项创举虽然带着个人主义色彩，但这项创举的价值却是属于集体的。这种新的建筑形式，是以一系列可以被理性分析、深入研究，并具备一定的规则为基础，简言之，就是制定一种共同语言。

究竟应该如何对这一套规则和这种“风格”加以表述呢？其实这套规则与“风格”都是由布鲁内勒斯奇率先订出方向，并且被他的学徒们共同实践、确认过，所做的决定。这个决定就是：采纳古代的建筑风格形式（尤其是古罗马的建筑形式，因为人们比较熟悉这种形式，建筑物比当时的更宏伟威严，而且似乎也比希腊建筑更高级些）。

做出这个决定的原因有很多，也很复杂。其中也包括部分的“沙文主义”色彩（当时的意大利人，尤其是佛罗伦萨人，在与骄横的德意志皇帝进行辩论时，他们会觉得自己才是古罗马传统的继承者），不过基本上促使布鲁内勒斯奇选择这个方向的决定因素多半还是基于技术方面的考量，他认为：以古典建筑的原则为基础所新盖成的建筑物，将会比当时正处于巅峰时期的哥特式建筑更符合人们的理想与期待。

基础思维：建筑格式

布鲁内勒斯奇这位文艺复兴建筑风格的鼻祖，为这种新的语言打下了思维基础——“建筑格式”。这个思维基础是由古希腊人所创造的，并为其后的古罗马人所沿用。“建筑格式”就是“以既定的方式，将建筑各部分之间连结起来的形式规范与比例原则”。

圣十字架教堂院附近的帕齐（Pazzi）礼拜堂（布鲁内勒斯奇，佛罗伦萨）。建于一四三〇年至一四四四年之间，是十五世纪建筑的巅峰之作。正面的构造极具典型：两侧的回廊以柱顶的横梁相接，中间是一个拱形的门。在十六世纪，这种结构设计被命名为“塞利奥式结构”（以该结构的专题论文作者：塞巴斯提阿诺·塞利奥的名字命名）。

以“理性”观点取代“宗教”观点

实际上，十五世纪的建筑世界是一个以“理智”为出发点的世界，它取代了一个以宗教信仰为基础的世界，而“理性”正是古典建筑的基础。古典建筑的形式是根据固定的规则来分类的。因此每位建筑师的心中都拥有一个能回答大部分问题的架构与理论，于是他们会将精神集中在探讨、解决新的问题上。

节省时间与精力是这套体系的第一个优点。第二个优点则是它能不断地被加以改良。每位建筑师都会以共同的规则作为起点，根据实际情况，将这个规则加以改良应用。往后接手他工作的人，也可以从他停顿下来的地方继续开始工作，剔除一些不利的因素，采纳更有效率的措施，直到将各种问题一一解决，让建筑设计更臻完美为止。正是利用这种工作方式，古罗马的建筑师建造了魅力永存的万神殿。其实，发明这种工作方法的就是古希腊人，他们留下来的经典建筑，都是以宇宙的观点出发，使用重叠砌筑石块的技巧；归纳若干关于圆柱、固定柱顶横梁的方法，以及圆柱与横梁之间的连接关系等等，这种结论被统称为建筑格式。

布鲁内勒斯奇深入研究了这个体系，并考察了大量的古罗马建筑（当时留存的古罗马建筑比现在要多得多，保存的状态也很好）之后，很快就发现了古罗马建筑的优点。他一回到佛罗伦萨，就立刻将这些研究成果加以应用。不过他遇到很多并不容易克服的困难。布鲁内勒斯奇及其学徒们，解决这些困难所使用的方法与途径都是我们知道并能理解的，因此成为新风格最可靠的前导。

确立组织架构体系

我们已经了解，这种新风格需以精准的格式化原则为基础，而不需一次

教堂建筑的门面

早在雷昂·巴蒂斯塔·阿尔伯蒂（Leon Battista Alberti）进行修缮之前，圣玛利亚·诺菲拉教堂就已经有它的门面了。这座教堂的原建筑设计很典型，中殿又高又窄。因此，阿尔伯蒂只需要为它增加一件文艺复兴风格的外衣就够了，漏斗形的装饰设计，将两层楼的建筑风格统一起来。之后，这种连结方式，几乎成了设计标准。

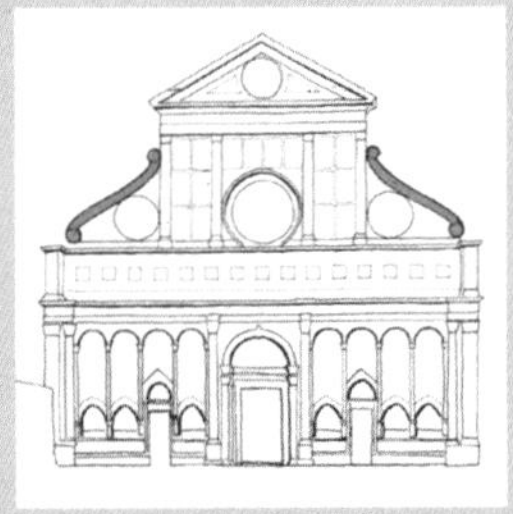

圣安德雷阿教堂，兴建于一四七〇年左右，完全由阿尔伯蒂设计、建造。在这儿，他创造了教堂正面的第二种处理格式。这种格式更加新颖，阿尔伯蒂也因此名扬四海。他为教堂正面设计了“高大”的拱门（相当于两层楼高），再使用一个小型的格式将正面进行分割，小型格式的比例与教堂的内部相呼应。

宫殿的正面

▼在文艺复兴时期，宫殿建筑逐渐崭露头角，在整个意大利蔚为风潮。宫殿指的是贵族或是富商的豪华住宅。鲁切莱（Rucellai）府邸宫殿的正面，是第一个交错应用不同建筑格式图案的建筑物。交错应用指的是在建筑的每一层楼，分别使用不同的建筑格式（第一层为陶立克式，第二层为爱奥尼式，第三层为柯林斯式）。而法尼斯（Farnese）宫殿则仅在窗框上采用了类似的图案。

▲贝尔纳多・罗塞里诺（Bernardo Rossellino）建造的皮埃沙（Pienza）教堂，一四五九至一四六二年

罗马的法尼斯宫殿，由安东尼奥・达・桑加洛与米开朗基罗于十六世纪上半叶建造而成。

圣洛伦佐大教堂

一四一九年，布鲁内勒斯奇受托修建古老的圣洛伦佐大教堂（右图）。一四二八年，布鲁内勒斯奇只完成了教堂的圣物收藏室的修建工作。

这是一座充满立体几何学、极富纯净之美的教堂：主殿为立方形，上面是一座圆形屋顶，圆顶上还设计了一个三角形的尖顶。主殿旁边有一个侧殿，侧殿的结构与主殿相同，但尺寸小一些。侧殿内设有许多神龛，神龛所造成的明暗对比让侧殿的面积看起来大了许多。墙壁上错落有致的装饰（柯林斯式的壁柱、美丽的拱窗），因光线的投射而更有立体感。主殿与侧殿之间的整体设计十分统一：相同的建筑格式，相同的柱顶，统一的空间处理手法，光线都很充足等等。

侧殿的入口处还做了一些小小的修饰，柱子与拱门的数量倍增了，墙上辟有两扇门，门楣上装饰着三角形的图案，并设计了一些神龛。和其他墙壁比起来，这面墙壁的造型及韵律感增加了。这些增加的装饰包括：与建筑结构有关的柱头、小天使的边饰，都非常简朴。而出自于多纳泰罗［或可能是米开罗佐（Michelozzo）］的装饰部分则要华丽许多（门的铜环，神龛中的一对对圣徒像，位于窗顶及天花板下方的图案等等），多半以灰泥或彩陶制成。

这座教堂不愧是以优美的线条、完美的几何学应用而著称于世。对于布鲁内勒斯奇而言，它具有指标性的意义，在这儿采用的建筑构思将在以后的各式建筑中获得普遍的应用与发展（它的平面布局清晰，功能性强，因此常被采用于陵墓或祭堂的设计中）。此后，在托斯卡纳地区，这座教堂根据数学原理确立了和谐统一形式的建筑，获得了巨大的赞誉与认同。

又一次地去重新思考或决定每根支柱、每个柱头，或其他装饰部分的格式。

然而，究竟这些风格有哪几种？过去，古罗马人所采行的完全是古希腊人所制定的制度，不过，由于他们的建筑是以混凝土，而不是以石块为材料，所以只对建筑的正面装饰制定了新的规则。如此一来，除了三种古

透视法：内部空间

建筑的内部空间也必须遵循“透视法”这个新标准来设计。因此，内部空间的规划不再是一个接一个的独立空间，而是按照建筑格式的准则来规划。通常两面墙壁的轴线会聚集在一个点上。

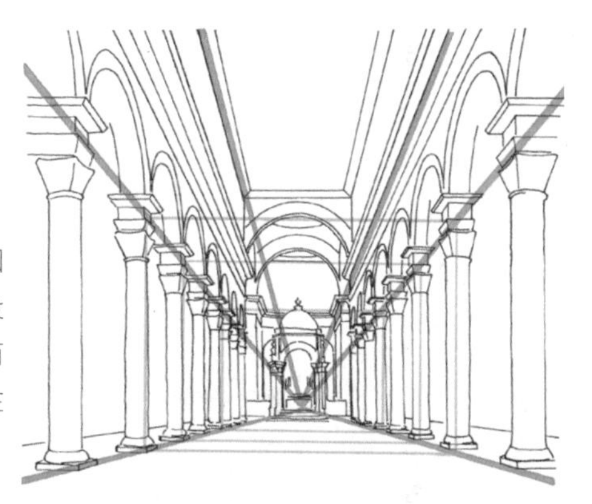

布鲁内勒斯奇，佛罗伦萨，圣灵教堂内部
从外表上看，教堂采用了中世纪的建筑规则：十字架的平面设计，包括三个殿堂，中间由圆形屋顶连接起来。但是圆形屋顶下面并没有设计任何物体将跨间与跨间分隔开来，同时，两边整齐且连续的圆柱与圆拱，其轴线都聚集在同一点上，彻底遵循了透视法的原则。

多拿托·布拉曼德（Donato Bramante）建造的米兰·圣萨帝罗（Sant' Satiro）教堂内的圣玛利亚唱诗堂。“透视法”可以说是文艺复兴运动最令人振奋的成果。“透视法”是以一种科学方法，在一个平面上重现实际情况的技巧。唱诗堂应该位于祭坛后方，但如果真要进行建造的话，就会占掉教堂后方的通道。借助透视画法来模拟一座假的唱诗堂，效果十分逼真。

理想的建筑：绝对的对称性

文艺复兴风格的建筑以理性主义出发，也以其为终极目标。因此，一座理想的建筑在所有的设计上，无论是水平轴线、还是垂直轴线，都应该是对称的。在十五世纪末至十六世纪初这段期间，这种形式的建筑开始占有重要地位。

科拉·达·卡普拉罗拉（Cola da Capralola），托迪（Todi）教堂
该教堂由一些生活于一四九四年至一五一八年间的二流艺术家建造，完成于十七世纪初。在它的平面布局中，各部分的中心点绝对对称，典型地反映了文艺复兴风格的对称原则。

希腊建筑风格—— 陶立克（dorico）式、爱奥尼克（ionico）式、柯林斯（corinzio）式之外，又增加了另外两种建筑风格——塔斯肯（tuscanico，陶立克式的简化变种）式，以及复合式（科林斯的繁复变种）。

现在只需从五种建筑风格中，选择所要采用的风格并确定格式的比例，这样，在装饰方面的所有问题就都迎刃而解。然后，再来确定建筑的形式与尺寸。这两个问题，都可以交给建筑师一人解决。

建筑师掌握了建筑工作中属于“创意”的部分，而其他人（包括雕塑师、装饰师、玻璃窗匠等）的唯一任务，就是执行建筑师的命令。这是一种完全不同于中世纪时期的工作流程。在中世纪，建筑这项工程并没有固定的组织系统或组织架构，它完全以每位工作者个人的认知与经验为基础，大家分工合作。因此在当时，每一个环节的工作，工匠们都可以依照自己的判

由米开朗基罗设计，巴朵隆美欧（Bartolomeo）完成的劳伦佐（Laurenziana）图书馆的台阶。

◄由阿尔伯蒂重建的圣徒墓地的小庙，佛罗伦萨

重建之后的圣徒墓地，其结构遵循了严谨的古典风格，外观大大小小的几何平面建立在黄金分割关系的基础上。建筑内部的设计规划是固定的，外表装饰着精致的镶嵌，反映了要让建筑在单纯的外表下蕴含更深刻的意义。阿尔伯蒂采用这些几何装饰，是为了要引导人们去思索信仰的力量。

►米开朗基罗，劳伦佐图书馆的阅览室，佛罗伦萨

外墙上筑有许多扶垛，与其相对应的室内则兴建了细细的方柱，如此一来，能有效地减轻墙壁的承载力，并可在墙上开辟许多的窗户，以利室内的采光。室内等分成三部分，木质天花板与地板也以同样方式处理。用平滑的石材建成的结构错落有致，它们之间微妙的空间韵律感，也因暖色调的木质天花板及地板而显得更加丰富。

罗马，康比多力奥（Campidoglio）广场

康比多力奥广场是市政中心广场，由米开朗基罗于一五三七年左右开始设计。广场的建造工作持续了很长的一段时间，完成于十七世纪，而其地面的铺设工程则一直到一九四〇年才完成。

马可·奥雷里奥塑像，成为广场的出发点与聚合点（更精准地说，塑像被磨钝了的基座，才是广场的出发点与聚合点）。广场地面上的椭圆形图案，也以该基座为圆心。广场的功能至今仍被保持着，而马可·奥雷里奥塑像，至今也仍矗立于广场的中心点上。

断，在相关的工作中做自己认为最好的判断和决定。现在，面对新的工作流程与组织，工匠们怎么会愿意接受这种导致他们工作地位下降的新架构体系呢？

实际上，布鲁内勒斯奇就遇到过这样的麻烦。最初，他主持一个修建佛罗伦萨大教堂圆形屋顶的工程，由于工匠们不满这种组织系统的运作而集体罢工，整个工程受到了阻挠。布鲁内勒斯奇的铁腕措施就是，将罢工人员全部解雇。他知道，只有一种方式可以不让这些情形再度发生，那就是让雇主们知道建筑师拥有选择及否决合作对象的权利。

文艺复兴时期的建筑师们都是这样做的。其结果就是：文艺复兴风格的建筑，清一色地成了古典艺术风格的建筑，也成了“温室里的花朵”。在城市以外的地区，很难找到它们的踪影，它们是“文雅”的建筑物：教堂、宫殿、别墅，这是第一点。第二点是：文艺复兴运动对建筑的结构并不很在乎，它只关心建筑物的外观。这造成了两个结果：一、建筑是“设计”出来的，而非“建造”出来的。二、放弃了结构方面的所有研究。

主要的建筑元素：圆顶

布鲁内勒斯奇，佛罗伦萨的圣玛利亚教堂的圆顶

圆顶几乎是所有文艺复兴时期教堂建筑的主要元素。它是由古罗马人创造的。古罗马人建造的万神殿的大圆顶，启发了文艺复兴时期的建筑师们，但他们采用了不同的建造方法；不仅是建造的技术不同（以双重砖瓦包裹，而非单独的灰泥结构），而且在外观上也不尽相同。典型的例子是以石质的半圆形拱肋来分割建筑体。

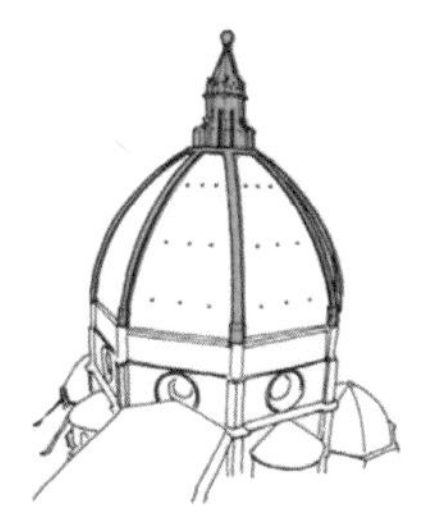

米开朗基罗，罗马，圣彼得教堂的圆顶

这儿也使用了拱肋，其数目为圣玛利亚教堂圆顶的两倍。但拱肋不再是单独存在的，而是作为连接圆柱及窗户（支撑圆顶的圆柱体的下部分），与圆顶的顶端部分。原因是布鲁内勒斯奇的圆顶是文艺复兴风格圆顶最早期的作品，而米开朗基罗的圆顶则是文艺复兴风格圆顶最晚期的作品。在一个半世纪的期间内，圆顶从单一的要素，变成与整体建筑统合的要素。

建筑设计被彻底简化

这些新的思维方式，也导致以下的结果：每座建筑都是由两个部分所组成，即作为建筑骨架的墙——“盒子”的部分，与作为建筑“皮肤”，覆盖于盒子外的装饰部分。这种思维代表这两个部分是可以单独进行设计的。换句话说，文艺复兴风格的建筑师，会先确立建筑物的标的（应有的形式、尺寸）；然后，选择适当的建筑格式（明确的细节与比例）；再来，他会研究建筑的墙壁，将墙壁“嵌进”由圆柱及柱顶横梁组成的几何框架里去。

“墙”本身并不重要，只有当它变成建筑的承载体时，才会被注意。甚至建筑的功能性，也很快地被忽略了。文艺复兴风格的建筑师们，企图将建筑转变为一个单一且一致性的“原则”。简单的说，就是要替“盒子”找一件最合适的装饰用的衣服。所以，概括地说，文艺复兴风格的建筑体系是由不同的建筑师建造的不同建筑物共同组成的大拼盘。

文艺复兴风格建筑的形式，大致上可以这么归纳：就“墙”而言，它必须满足两个要求。一是可用最少的力气进行建造，二是必须让人们一眼就发现建筑的数学性与几何模式。因此，墙“盒子”采用了简朴的形式与单纯的几何体（立方体、平行四边形等）。其高度、宽度、深度三者之间的关系十分简单，且易于计算。

建筑结构也进行了类似的简化：交叉的拱顶被筒式拱顶或帆式拱顶所取代，因为它在视觉上、稳定性与处理技巧方面都比较单纯；或者干脆用木质的屋顶来代替拱顶。使用木质屋顶时，支撑屋顶的墙壁可以建得更薄、更经济，也更容易。或者在拱顶与拱顶之间有条理地嵌入一些金属的支撑，以消除拱顶的作用力。事实上，拱顶不仅向下挤压支撑物，而且也产生向外的推力。因此，必须加强支撑物或者消除向外的推力才能解决这个问题。所以，直立而且凸出的柱子变得非常明显，但这无所谓，因为它们并不属于审美的

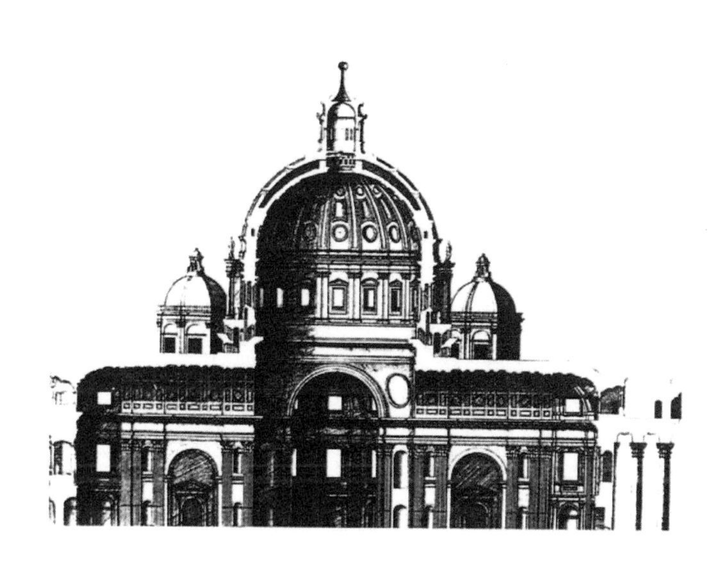

范畴，而只是属于建筑的“技术”问题而已，人们应该会视而不见。但是对拱顶来说，尖拱及任何其他非半圆形的拱，都被完全排除了。

在他们的心目中，半圆拱是唯一“理性”的拱。因为它的形状、大小都可以用“半径”来决定，所以透过简单的几何关系，就能与建筑物的其他部分相连接。换句话说，建筑被彻彻底底地简化了。

就覆盖于墙“盒子”外的装饰部分（也就是在建筑所呈现的外观）来看，文艺复兴时期所采纳的是古典风格。在十五世纪，人们几乎只沿用两种最华丽的建筑风格——科林斯式与复合式。这两种风格的典型特色，都是以精致、美丽的花与叶来装饰柱头。

“花”是地中海艺术中最常被采用的典型装饰物，但在应用这些古典风格时，文艺复兴时期的工匠们并没有恪守由古人所制定的比例大小，相反地，他们是根据实际需求，对比例大小进行了变更（通常是比例缩小）。

在十六世纪，对建筑风格的应用变得更加严谨，同时，在格式化的应用上也有更多的变化。为了能在建造的过程中，准确地应用这些建筑格式，十六世纪的建筑师们率先在著作中确立了关于建筑格式的精确理论。直到今天，各种流派的建筑师仍在仔细研究这些理论。

当时的建筑师们在原来的两种装饰方法（圆柱与横梁）之外，增加了第三种装饰方法（即柱脚）。他们先确定主建筑中各组成部分之间的特定比例关系：柱顶的横梁高度必须占圆柱的四分之一，柱脚的高度则必须是圆柱的三分之一。他们还规定了一种适用于每一种建筑格式的计量单位（单元），从此，人们可以用单元的倍数或者分数，来表达与建筑格式相关的尺寸。这些就是新的建筑风格哲学与语言，剩下的工作就是以它们作为基础去真正盖出一栋建筑了。

住宅的结构与装饰风格

中世纪的托斯卡纳地区，流传了好几个世纪的建筑传统（也是唯一的传统），就是为教堂服务。教堂建筑的结构简朴、优雅，有着圆屋顶，墙壁上装饰有彩色的大理石。而在文艺复兴时期，除了教堂之外，还会为刚刚发迹

诺菲罗·迪·桑路卡诺（Novello di Sanlucano），拿波里，圣塞菲利诺宫殿（耶稣复活教堂）
尽管建筑结构十分规则、比例得当，但它的钻石尖状的墙面，则是源于伊比利亚风格。这反映出当时的阿拉贡王国的边缘地区游离于其他意大利诸侯国之外所造成的文化隔阂。原来的建筑物只剩下外侧的墙面。一五八四年，原宫殿被拆除之后，改建成耶稣复活教堂。

的富商阶层建造宅邸。无论是建造教堂还是建造私人住宅，基本的问题是：第一，确定准确的建筑形式；第二，寻找构成建筑物正面最好的装饰方案。

就私人住宅而言，一开始他们就找到了答案：一座以庭院为中心，四周环绕着房间的建筑形式。简言之，就是一个空心的立方体。这种建筑形式既符合保有住家的私密性（中央为庭院，面向庭院的是各个房间的门，房间与房间之间则有回廊相连），又满足了显示身份地位的要求（在临街部分辟建一个宏伟、威严的门面）。

因此，建筑师要立刻进行处理的是：一个围绕着庭院的“回廊”，与一个（或数个）面对街道的大门。“回廊”是处理这类型住宅唯一的方法，

再度兴起：别墅

别墅在随着罗马帝国的衰败而消失后，在意大利的文艺复兴时期重生了。当时国家的观念诞生了，为了行使政治权力，国家的领导者开始建造防御工事，以增加乡村地区的安全 ，于是间接促成别墅的兴起。

安德烈亚·帕拉第奥与维恩森佐·斯卡莫齐设计，被称为圆厅别墅的卡普拉（Capra）别墅，维琴察该别墅设计于十六世纪中叶，充满文艺复兴典型的风格与特色。建筑完全对称，其正面模仿古老庙宇的外观，中央为圆顶（建造时经过若干的变动）。

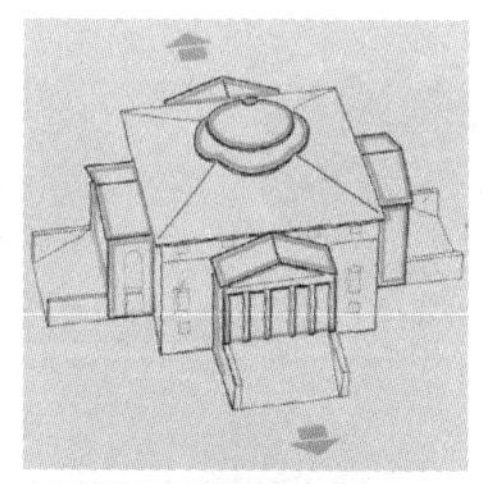

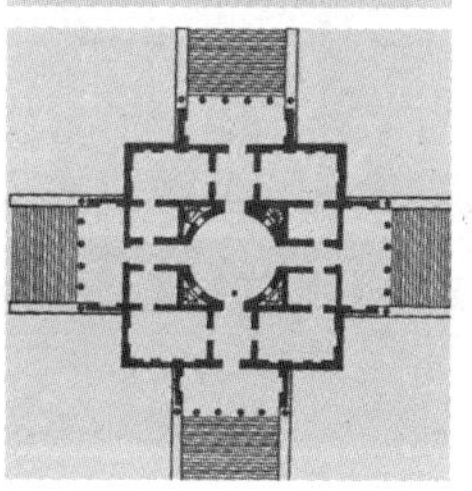

因此，可以采用一组（或数组）拱门，以及与拱门相对称的圆柱；或者，如当时人们喜欢选用的另一种方式，将开放式的回廊上部改成封闭式的走廊，并且在第一层、第二层甚或更高的楼层，分别设计一组圆柱形的拱门，拱门上方还设计了窗户（而且窗户的中心点与拱门的顶点必须成一直线）。通常也会使用与建筑格式相对应的横梁，将层与层之间隔开；并且在最高层的地方，设计一组嵌在墙壁里的方柱，作为与回廊的圆柱相对称的装饰。

面向街道的正面处理方式则复杂得多。实际上，在文艺复兴时期，人们先后提出了三种建造这种住宅正面的规范。第一种是由布鲁内勒斯奇本人提出的：用石材来砌筑正面（使用粗糙、切割成方形的巨大石板做成覆盖面，几乎整个十五世纪，都普遍应用这种方式），除了窗户以及用来分隔楼层、装饰了雪檐的部分之外，全部使用这种砌面。通常，随着楼层的增加，石块的不规则性与粗糙的凸凹面也会逐渐减少，有几座建筑最高层的砌面，则完全使用光滑的石材。

一种发明：堡垒

人们设计别墅是为了居住，设计堡垒则是为了防御。为了对付大炮的攻击，兴建了圆而厚实的塔楼。在堡垒的顶端，有一些突出的部分，可以从这儿打击入侵者。

提沃里（Tivoli）堡垒

尽管用石材砌筑墙面在十五世纪非常流行，但是它显然与文艺复兴风格的建筑基础并不一致。它虽然是规则的、理性的，但它也是主观的，其不同部分之间并无确定的几何关系。事实上，不久之后，第二种设计：重叠的正面，就与之并驾齐驱了。第一个设计出这种正面的是雷昂·巴蒂斯塔·阿尔伯蒂（Leon Battista Alberti）。这绝非偶然，因为阿尔伯蒂是当时的第二大建筑师，也是第一个撰写关于建筑专题论文、对自己的建筑活动进行理论探讨的建筑师。

实际上，重叠的正面也是一种石砌的墙面，它的窗户与窗户之间采用壁柱来隔开；而且，在重叠的正面，每一层都采用不同的装饰风格。比如说：第一层使用朴素的托斯卡纳风格，最顶层则使用复合式风格；在楼层与楼层之间，也不再采用简单的雪檐，而是采用与圆柱相对应的横梁。整栋建筑物被“笼罩”在一个用不同的建筑风格所织成的网中，形成一种更具逻辑性与一致性的设计方法。

第三种住宅正面出现于十六世纪之后，这是一种更为精美华丽的门面，即采用重叠窗口的手法。

这类住宅正面的原型，出自于由小安东尼奥·达·桑加洛（Antonio da San Gallo, the younger）与米开朗基罗所建造的法尼斯（Farnese）府邸。这座建筑不像阿尔伯蒂所建的住宅那样“富有韵律感”。它的楼层之间只用一条装饰带来作区隔，每层楼的顶端都有一个坚实的大雪檐。他们采用的建筑风格有好几种，被相互重叠使用。不过，这些建筑风格几乎不被使用在窗户上。每个窗户都是自成一个小型建筑（另外加上雪檐与山墙）。换言之，建筑的正面都简化成单一元素，一个几乎承担所有功能的元素，它就是窗户。

在这三种住宅正面的设计风格中，毫无疑问，最后一种是最精美的。在之后的几个世纪中，它自成一派，引起许多建筑师的关注与探讨。

精细的木质镶饰

精细的木质镶嵌精工，是指用不同色彩的木材进行细腻镶嵌的工艺艺术。这种艺术早在中世纪时就被应用了，但在文艺复兴时期，镶嵌技巧从简单的装饰图案发展成复杂的镶嵌图案，并且陆续发展成具有幻觉效果的镶嵌艺术。

对这门艺术的发展产生关键性影响的，是透视法原则的应用。做镶嵌精工需要制作雕刻，这就必然要将物体的外观简化成几何图案，并且将物体的造型缩减成由不同数目的色块所组成的平面。而透视法正好满足了这些要求。由于这些特点，镶嵌精工成了典型的透视艺术，尤为建筑师们青睐，并用它来创造精湛的镶嵌装饰。

乌尔毕诺（Urbino）公爵府邸的木头镶嵌细工

这座别墅是罗伦佐·德·梅第奇（Lorenzo de Medici）建造的。别墅建于拱廊式的基座上。这种拱廊基座与庞贝别墅的拱廊基座相似。在别墅建筑的上部设有一道环墙的栏杆，沿着斜坡进入别墅。正面辟有许多窗户，正面的中央建有一个前厅，完全是爱奥尼的设计风格，其三角形的门楣上饰有梅第奇家族的标志。

桑加洛，波吉欧（Poggio）别墅，佛罗伦萨

教堂的结构与装饰风格

同样地，对教堂来说，也有两个问题待以解决，那就是“正面”与“建筑结构”。不过，这两个问题的解决方式与对宅邸的处理方法有很大的差别。

要为教堂的门面，定出一种准则或风格并不困难。事实上，阿尔伯蒂已经研究过，并几乎解决了所有的问题。当时，圣玛利亚·诺菲拉教堂早就有自己的门面，阿尔伯蒂只需要为它增加一件文艺复兴风格的外衣就够了。阿尔伯蒂将教堂的正面完全改装成文艺复兴风格，并且将新设计的正面直接重叠覆盖于原有的墙面上。这让我们很容易就可以了解新门面的基本设计：他将建筑正面分成上、下两部分，利用两个呈大 S 形的漏斗形装饰设计，将两层楼的建筑风格统一起来。下部较宽，上部较窄，这么做是为了与教堂唯一的中殿相呼应。这种优美的功能性建筑也将在之后，尤其是巴洛克时代大为流行。

阿尔伯蒂主持建造的另外一座建筑的正面，则更为优雅、典型，它就是位于曼托瓦（Mantova）的圣安德雷阿教堂的正面。可以很清楚地看出来，这种正面源于古罗马时期的凯旋拱门。它解决许多结构上的问题，也克服了功能性的问题。从这座教堂中，我们知道阿尔伯蒂找到了一种更复杂、更完善的解决方法，能根据不同的建筑格式，对其正面进行装饰的规划与设计。

这些建筑格式并不是重叠的，应该说它们是嵌入。在正面的中央，是一对上顶拱门的壁柱，这揭示了建筑内部的结构。壁柱与拱被整个包嵌在一个更大的巨型结构中。

在“巨型”的结构中，它的墙壁高度是由柱子与装饰所组成的单元的总高度所决定的。或许，这是因为这些单元必须在高度上以较小的尺寸进行复制。不过，仅有中央拱门是这样设计的。因此，正面的问题可以比较简单地解决。更复杂的是建筑总体结构问题。传统上，基督教教堂的平面图是

唐纳多·布拉曼特（Donato Bramante），位于罗马蒙托里奥（Montorio）的圣·彼得教堂。

十字架形状，这样就能在地面画上这个象征性的图形。从祭礼及结构学的角度来看，这种结构是合理的，但它与文艺复兴时期的思潮并不相符。这是因为，在这种结构中，没有任何关于十字架四臂尺寸的普遍性规则。十字架结构的影响太深了，要马上抛弃它是不可能的。在刚开始的时候，几乎是整个十五世纪，人们只能从内部来更改这种结构，更改对空间的使用方式。

文艺复兴艺术的第二个基本原则，比回归古典建筑格式的理论更为重要，那就是："透视法"。"透视法"也是因布鲁内勒斯奇在实践中运用了它，并且确立它的应用原则，而被广泛地采用。在十五世纪，人们经常谈论它。基本上，"透视法"就是一门根据科学原理，使一个真实的人或者物体能够在平面上呈现立体感的技巧。它让人们可以"设计"艺术品，能感受到用图来

城市的规划与研究

文艺复兴时期，建筑师们在城市规划方面做了许多的工作。但由于技术上的困难，能够完成的整体工程并不多。其中，维杰法诺伯爵广场，可以说是最具象征意义的一个。

一般认为，维杰法诺伯爵广场是由伟大的达·芬奇所设计规划。它是一个真正的露天广场，既是位于广场后边城堡的巨大入口（意大利人认为广场就应该是城堡的入口）；也是“理想”的城市中应该具备的建筑设计。对于文艺复兴时期的建筑师而言，广场就等于城市的“心脏”。

建筑物的装饰

虽然文艺复兴风格是最理性的风格之一，但仍然有许多的建筑外观装饰得很优雅、华丽。这些建筑的装饰，并不是使用夸张的图案来制作，而是透过单一的主题图案来完成。就像图示中的这座豪宅，其墙面上砌满棱角分明的石块。透过这些菱形石块的重复设计，成为这座豪宅独特的标记。

毕阿齐奥·洛塞第，钻石府邸，费拉列

这座兴建于一四九二年的建筑外墙，皆使用琢磨成"钻石"形状的石块来装饰，故而得其名。房子的主人是西杰斯蒙朵·德·伊斯特（Sigismondo d'Este）公爵。从这座建筑的外观，可以看出精心处理过的装饰痕迹。这种方法在罗马尼亚地区非常流行，受到北方风格的影响。

描绘艺术品的真实感。

在十五世纪末与十六世纪初，文艺复兴时期的建筑师们落实了这个原则，实现了在任何设计上都符合规则，都能完美地相互对称的建筑结构。由于在进行透视画法之前，必须先选定一个假设的视点，所以，必须让建筑的中心点（几何中心）与透视中心点重叠。实际上，视觉的轴线都会聚集在唯一的一个中心点上，这个中心点就是整个建筑的中心，透过它便能够想象出整个建筑看不见的部分。

就以典型的文艺复兴建筑为例，教堂是最精美的透视法作品。教堂的平面图采用了希腊式的十字架模式。十字架的四臂相交的交叉点，通常是在教堂的中央大厅（这是教堂最重要的位置），中央大厅的上方则建造一个圆形

北方的繁复风格

文艺复兴运动传播至意大利北部的时间要比它传播到意大利其他地区还要晚，而北部地区也以不同的文艺复兴风格形式自行发展。有趣的是，北方的这些形式却是欧洲其他国家在下个世纪开始发展文艺复兴运动的先驱。虽然欧洲国家的文化传统、社会环境与意大利的大相径庭，但却将意大利文艺复兴风格与思想完全移植到自己的国家里来。

艺术家们在意大利北部兴建的建筑，最显著特点是外观朴素的建筑少之又少，大部分建筑的装饰都很华丽而繁复，以至于建筑本身似乎被淹没在由雕刻、大理石镶嵌，边饰及其他层层叠叠的装饰所构成的豪华外表下。

的屋顶。

罗马式与哥特式的巨大交叉拱顶被抛弃不用了，中殿的屋顶成为水平的了，坚厚的墙壁与粗大的方柱已成为多余；如同在基督教诞生后的最初几个世纪那样，教堂的墙壁又变成朴素、笔直的墙壁了，墙壁由半圆形拱连接起来的圆柱支撑起来；墙上可以抹灰泥，只装饰着线条，让石材在柱顶的横梁地带显露出来。这一长条直线使教堂内部的空间不再具有抑扬顿挫的韵律感，而是由相同的、但各自独立的元素构成一种排列，产生新的节奏感；相反地，教堂的内部空间则成了一条又一条交会在一个中心点的直线。

阿玛迪奥（G.A. Amadeo），巴维亚（Pavia）卡尔特（Certosa）修道院的正面

装饰得富丽堂皇的教堂本身为哥特式风格，是典型的托斯卡纳地区的建筑形式。在意大利战争期间，法国人最先看到的、影响最深的建筑就是这类建筑。

其他类型的建筑

豪华宅邸与教堂是主要的两类建筑，但并不是唯一的。在十五世纪的意大利，城市与城市之间的郊外地区分布着许多城堡。这些城堡既是军事建筑，同时也是权贵们的住宅。那些贵族或富商在战事平息、城郊安全无虞的

情况下，渐渐地为自己兴建起别墅而不再只是城堡。位于郊区的别墅，环境舒适，风景优美，适合度假、休憩。

安全的军事警戒当然是不可或缺的。因此一种专为此而设计的单一建筑物于焉诞生，这就是完全用于军事目的的堡垒。当时，火药这种武器开始广为流传，并且变得愈来愈可怕。所以设计堡垒时，必须考虑到对强大火力武器的防御。

意大利的建筑师也对别墅和堡垒的建造付出了许多心力。当时对堡垒的研究成果，直到现在仍为军事防御工事提供了简单的原则。而对别墅的研究则如野火燎原般在意大利半岛的各个地区，出现许多杰出的别墅建筑。尤其是以威尼斯为中心的地区，别墅成了主要的建筑。别墅也成为艺术史中重要的建筑师之一，安德烈亚·帕拉第奥（Andrea Palladio）的主要创作。

另外，还有两种风潮同时也成为文艺复兴建筑快速发展的触媒。第一种风潮是：希望能和建筑一样，也对城市进行理性的研究。实际上，这种研究最后只停留在以建立城市的雄伟心脏——广场为目标。不过，这已经是一个很伟大的目标了。当时建筑师们并没有采用现成的城市规划体系，而是坚持自己去研究探索。这些研究为后人开辟了现代城市规划的先河。

第二种风潮是建筑形式上的变化。文艺复兴风格的建筑是由意大利半岛中部的艺术家们发展起来的，在意大利北部，哥特式风格的建筑持续发挥着强大的影响力。当文艺复兴风格的建筑传播至亚平宁山脉的北部地区时，建筑师们使它变成了一种不再那么严谨、装饰华丽的新建筑。

在意大利国内，这种趋势并未产生很大的影响。但是在其他的国家就不同了。当法国于十五世纪入侵意大利半岛时，他们最先看到的是北部地区的文艺复兴建筑。这种建筑成为最能符合他们品味，同时最先被模仿的对象。于是，这个文艺复兴建筑的“次要”流派比正宗的建筑形式更有名气，也更受到赏识。

这可不是一件小事。实际上，从此之后，整个文艺复兴艺术的思维改变了：从不断地研究，转变为近乎机械式地应用辉煌的研究成果。文艺复兴艺术变成了一种“标准”。两千年之后，欧洲终于拥有了可与万神殿媲美的辉煌成就。

雕　塑

与希腊艺术相反，文艺复兴时期的艺术家们并不认为有必要为雕刻设定一套和建筑相同的制式规范与原则。当然，这并不意味着文艺复兴风格的雕刻作品缺乏典型的格式与特征。道理很简单，当时人们不再那么刻板、一成不变地继承前一个时期的创作原则。与其说这是理论问题，不如说这是品味的问题。尤其是要认识文艺复兴时期的雕刻，就必须先研究雕刻的灵感与主题从何而来。这些主题是：备受重视的自然主义，即对于近似、神似、相似物件的热切追求；以及对表达人及其体形的浓厚兴趣。这个时期不但有强烈而深化的认知、完善的知识、成熟的技巧，而且有强烈追求这些知识、技巧的愿望；对雄伟性的追求，对体积庞大、构思宏伟的作品的热爱，最后才是对组合规则的纯熟运用；也就是对复杂的、但几何学上的简单形状的纯熟运用。数个世纪以来，欧洲在雕刻艺术上一个典型的、甚至可以说是一个单一的特征，就是与其他艺术形式的一体化，尤其是与建筑艺术的一体化，在文艺复兴时期这样的看法已不复存在。事实上，这种一体化的规则至此可说已荡然无存了。

长期以来，建筑一直是其他艺术创作形式的“框架”。在文艺复兴时期，建筑放弃了这个“框架”的角色，因为建筑已被认为是一种定理，一种智力活动的成果了。对于这种定理、这种智力活动的成果来说，装饰是多余

的，甚至是碍眼的。建筑师不仅已不再寻求雕刻家、画家，或玻璃匠的帮助，以使其建筑变得更为华丽，而且，他们还想尽一切办法力求减少排除他们的参与。这些参与是无益的、甚至是有害于人们对其建筑构思的美学与逻辑思维的欣赏。当时，建筑师们的要求并没有完全得到满足，因为雕像、绘画已被限定于某些特定的建筑区域中，比如建筑物内部的壁龛。总而言之，原属于雕刻所有的物理空间与表达空间，这时已逐渐失去，而先前为了补充建筑物的装饰功能，也同样地被大大地剥夺了创作的空间。对于这种状况与趋势，雕刻师们既无奈却又不得不妥协。

但不管怎么说，雕刻师并未迟疑于做出适当的反应：他们努力将新的内容、新的目标带入自己的创作中。他们展现了雄心勃勃的远大目标，不再局

对大自然的重视

下图、左页：洛伦佐·吉伯第（Lorero Ghiberti），《天堂之门》，佛罗伦萨，圣洗堂
吉伯第使用花饰、水果、动物构成的华美框饰来装饰大门（当时人们将之誉为与天堂相配的大门）。这显示当时这门新艺术对于大自然的敬畏。另一个典型的特色是，门被分成众多的宽大方格，而不再被分成小小的叶状门格。

▶安德烈·德·维齐奥（Andrea del Verchio），《大卫像》，佛罗伦萨，巴杰罗国家博物馆

▲维齐奥，《持海豚的裸体小孩》，佛罗伦萨，旧宫殿

限于简单的、作为建筑框架一体化里的附属地位。第一个基本目标就是追求自然主义风格。所谓自然主义，即在于创作雕像时尽可能忠实地表达其外在的自然形貌。一方面，当时的文化发展更富有理性色彩，更重视反映现实，而不像以往的时代那样充满神秘主义气氛；另一方面，由于塑像已不再局限

对大自然的重视

人文主义思想与对人的高度重视，表现在人像作品中，都会尽可能“真实”地反映实际的人物特征。这种看法是重视大自然的思想延伸。由于现实中曲线与柔软线条占了绝大多数，因此在艺术作品中也做了同样的改变。

《海格力斯（Ercole）与安德欧（Anteo）》
上图与下图皆为铜雕，收藏于巴杰罗博物馆。大卫像可能是自古罗马帝国以来欧洲艺术中的第一尊全裸雕像。
海格力斯与安德欧雕像，动作逼真自然，充分反映了文艺复兴时期，人们对忠实反映人体曲线的重视。

多纳泰罗，《大卫》：安东尼奥·德·波劳欧罗（Antonio del Pollaiuolo）

于作为预设的建筑框架的陪衬物，反而成为有独立价值、独立空间的美丽艺术创作，自然而然便抛弃掉过去呆板、非自然的创作规范，而倾向于采取更自然的美学态度与观念，追求更接近现实的新创作。显然，“人”也属于自然的一部分。或许正因为如此，“人”本身引起了雕刻家们的高度重视，或许是因为文艺复兴时期，普遍认为人是“万物之度衡”，是宇宙中最高贵、最有趣的造物。

事实上，人的形象也是中世纪艺术的一个基本主题。不过，在中世纪艺术中，人的形象多半是用来表现“圣者”而非凡人，这些人物形象多为象征性的，而且往往是变形的。但文艺复兴艺术关注的是由肌肉、骨头组合而成的人体，关注的对象多半是一般的普通人。

多纳泰罗（Donatello）是十五世纪最伟大的雕刻家。他勇敢地创作了一尊裸体人物塑像。这是自古罗马帝国以来的第一座裸体作品。裸体像很可能是在研究了真实的人体，并参照了在阿尔诺（Arno）的作品《洗裸浴的佛罗伦萨小伙子》的身体结构，为基础创作而成的。这是一项革命性的创举。不过，更具革命性的塑像，是使用柔和的S型曲线。这种S型曲线类似于古

技巧能力的炫耀

多纳泰罗，《守财奴的奇迹》，帕多瓦，圣安伯乔大教堂

全新的技巧，如透视法；对传统技巧的改进，如“扁平化”技法（在浮雕作品中将位于不同平面的人物予以扁平化）。这些新旧技巧交错运用在当时的雕刻作品中。在该件雕塑作品中，透视法的运用赋予了作品视觉的深度。

左页：多纳泰罗，马达莱纳（Maddalena），细部，佛罗伦萨，圣洗堂

希腊塑像的曲线运用。这种意义上的曲线结构，在哥特式艺术中并不存在，但它成了文艺复兴雕塑的重要规则。自然主义、现实主义、对人像的重视、对解剖学的研究、曲线的运用，以及用对称的概念为基础的布局规则，造就了文艺复兴时期雕塑作品的主要特征。

文艺复兴时期的雕塑作品尚有其他特征，比如对技巧的不断探索。这可以表现在两方面：对现有技法精益求精，与对新技法的不断尝试与探索。文艺复兴风格的雕塑家，在这两方面都十分精进努力，并且都有辉煌的成绩。雕刻家们已可以毫不费劲地使用任何材料（无论是大理石、石头，还是铜、木头或者陶土），来准确地创造出自己想要的成品——先前的雕刻家们已经积累了丰富的经验，来帮助他们克服可能遇到的技术问题。

第一个新技法就是透视法。透视法的应用范围包括各种艺术，如建筑、雕刻、绘画等等。同时，它也革新了所有艺术的共同基础——设计。就雕刻而言，透视法的应用让人们对现实主义的追求更上一层楼，借助它可以设计出与自然尺寸、态度完全相似的作品来。尤其重要的是，借助它，可以像现实环境那样，创造出不同塑像之间的相对应关系。所以，对于多个人物的雕塑作品与浮雕作品的布局与环境的塑造，以及强调人体周围的空间感而言，透视法是最基础的创作技法。

第二个新技法是由多纳泰罗创造的，并成为文艺复兴时期浮雕作品的典型技巧，那就是“扁平化”技巧。“扁平化”技巧是技巧中的技巧。

一般而言，在浮雕作品中，位于第一平面的人物的凸出程度（相对于底平面而言的凸出），比位于景象中第二平面的人物的退缩程度要多一些。这是个相差仅仅几毫米的技巧问题，不过，它却展现了人物与人物间的纵深度，多纳泰罗遵循了这个传统。

这些探索与成就，复兴了一种曾盛行于古典时代、却在十五世纪中叶被遗弃的雕塑技巧，包括自然主义、现实主义的技术能力与设计水平，那就是

锡耶那圣洗池与雅各布·德·古埃齐亚的平生

锡耶那圣洗盆展现了古埃齐亚（Jcopo della quercia）的创新性。当时他与多纳泰罗和吉伯第一起在此工作。

圣洗盆这项工作始于一四一六年，直至一四三四年才完成。圣洗盆由以下的部分所组成：大理石神龛，其四周摆设着先知雕像的壁龛，其顶部为圣洗者雕像及一个六边形的大洗盆，大洗盆的表面交替装饰着镀金与铜质的浮雕，并装饰着有圣母像的众多小壁龛。这些浮雕及圣母像的壁龛，是由其他艺术家创作完成的。

古埃齐亚在观察了前人的作品后，最后才完成了自己的创作部分（见下图，《对萨卡里亚的宣告》）。不过，他从吉伯第的创作中（《圣洗者被捕》，《耶稣受洗》）并没有吸收到任何经验，仅从多纳泰罗作品中吸收了其对外部细节的表现手法。

古埃齐亚关注的是人物在活动中的肢体表现：高大的体形，贯注全身的力量，其震撼力无处不彰显，甚至于衣褶的摆动等等细节，令人玩味再三。古埃齐亚本人的生活奔波漂泊，多苦多难，但这种磨难的经历，让他在创作人物形象时活力泉涌，融合了哥特式风格、勃艮第风格与仿古风格于其中。

左图：路卡，佛罗伦萨，教堂作品博物馆
右图：多纳泰罗，圣·乔凡尼，佛罗伦萨，教堂作品博物馆

骑马式的雕像。在这类雕塑中，具有决定性意义的作品仅有两个（有些虽非常重要，但仍停留于设计或草图状态），而这两个作品皆为登峰造极之作。

其后的类似创作不胜枚举，象征着一种新的雕塑形式的出现。而它们也可能是当时最有意义的作品，因为作品中拥有所有文艺复兴时期的特色：自然主义、真实主义，对马、马具、骑士盔甲，以及所有细节的精确研究，各个精细之至，无与伦比；尤其是对人的重视，对其身体、性格的探索，对人物性格的突显栩栩如生。纯熟的技巧与对雄伟性、崇高性、不朽性的追求，都能通过设计图对雕刻结果进行深入研究。

例如两座骑士与马的塑像中，第一座雕像中的马与骑士采用了准确的比例，这是一项错误，因为从下方观看塑像时，会觉得马比骑士威武得多；不过，在第二座雕像中，这个缺点就完全被克服了。

雄伟性

在这两座塑像中，马和骑士强壮、精确的形象与真实感，将抽象的感觉结合在骑士的身上，这种抽象性的表现，尤其可以在这位身披古罗马服饰的统帅身上看出来。两个典型的文艺复兴风格特点是：形象的真实性与形体的雄伟性。骑士的尺寸精确，而且，这位统帅的肖像是一幅真正的肖像作品。

多纳泰罗，《戛达蒙拉塔骑马像》，帕多瓦，圣者广场

安德烈·菲洛齐奥（Andrea Verrocchio），《帕多洛美奥·葛雷奥尼骑马像》，威尼斯，圣·乔凡尼与圣·保罗之地

无疑地，雕刻家并非只进行了抽象的研究，而且还考虑到观赏者的视角。尤其重要的是，骑马像还包含着文艺复兴时期的个人主义与富有活力的个人风格。在那个时代，人们敢于为一位既非圣者、又非英雄，而只是一位军队的指挥官、一位雇佣军的首领，建造如此高大的纪念塑像，这些都发生在十五世纪。在十六世纪，虽然出现了无数的画家、无数的建筑师，但如此伟大的雕刻家却不多见。所以文艺复兴时期的“巨人”，同时也是整个艺术领域的“巨人”。

几何构图

金字塔式的布局，是文艺复兴时期深受喜爱的一种构图方法。米开朗基罗将耶稣像刻得比较小，这样做既为了表现其母子关系，又为了保持以金字塔状构图为基础的几何图形组合。

米开朗基罗，《皮蒂》，佛罗伦萨，巴杰罗国家博物馆

米开朗基罗，《楼梯上的圣母》，佛罗伦萨，米开朗基罗之家

米开朗基罗，《圣母与圣子像》，罗马，圣彼得大教堂

不过，在最伟大的雕塑家米开朗基罗身上，集合了文艺复兴风格雕塑艺术的所有精华，同时他也总结了当代的艺术精神。他的作品极尽雄伟、高大之能事，充满强健、丰富、超凡的人体之美，无人能出其右；其天才般的高超技巧与“大师”手笔，确实当之无愧。他的作品同时也是艺术史中最为人所熟知的精品。从他的作品中，可以了解到文艺复兴下半阶段雕塑的演变过程。米开朗基罗最初的一批作品，创作于十五、十六世纪之交，遵循了十五世纪雕塑的典型特征，平和而不具威慑之貌，尽管雄伟之气溢于言表，但人物衣褶宽大、柔和，明暗对比并无夸张之处；人体虽健壮，但并无爆发力。值得一提的是雕塑表面光滑之至，充分反映了雕塑家琢磨大理石（大理石是其偏爱的材料）时的细致与耐心。人物组合的布局则是简单的几何图形。

米开朗基罗，《摩西》，细部。罗马，位于维因柯里（Vincoli）的圣彼得教堂，吉乌里奥二世之墓。

自由的布局

精确的、理性的布局在文艺复兴时期的雕塑作品中是常见的。但这种布局并非总是由确定的几何图形来界定。通常，随着所表现的人体动作，会愈来愈加强表现其柔软度和多变性。与艺术史上的其他时期不同，这些布局永远不会是扭曲或断裂的。不同人物的动作有时会很活泼、激烈，但绝不杂乱。

米开朗基罗，《圣母与圣子像》，米兰，斯福尔扎城堡

比如《圣母与圣子像》（唯一留有这位伟大的艺术家签名的作品。有一次在听到若干参观者误认该作品为他人创作的交谈后，米开朗基罗于盛怒之下，将自己的名字刻在塑像上）的布局，即是一个清晰的金字塔形。不过，在以后的雕塑作品中，人物的肌肉膨胀了，人体弯曲了，凿刻之痕毕露无遗，不同组别的人物间的布局方式也更加复杂了；甚至，开始时米开朗基罗按固定的方式来雕塑塑像，后来，他改变了主意，于是便即兴式地在同一雕塑体上以另一种方式来创作。

换句话说，这也反映出这门艺术已达到了极限。文艺复兴时期雕塑的中心主题是透过塑像的表情、身体动作来表现人物的性格。在这方面，米开朗基罗取得了前所未有的成就。人们发现，任何一尊雕像，不管如何精巧地加以雕塑，任何一个动作，不管如何高超地加以重现，都无法反映出人的灵魂深处。但也正因这项艺术的伟大（无限的伟大），他才终于达到了巅峰。

一五五五年至一六五五年，是这位伟大的雕塑家生命的最后十年，也是米开朗基罗最后一次创作《圣母与圣子像》，同时这也是众多同主题塑像中神情最痛苦的一座。在创作这座塑像时，米开朗基罗本来用一种方式开始创作，后来，却又改用另一种方式来创作。并且对雕塑体不再进行“最后加工”处理，而这正是米开朗基罗风格成熟期一个常见的特点。

绘　画

再也没有一个时代，能够比文艺复兴时期拥有更多出类拔萃的优秀画家了。赫赫有名的大师包括：法兰契斯卡、安基利科修士、波提切利、曼特尼亚、达·芬奇、米开朗基罗、梅西那、提香等等。其他的还有马萨乔、布隆吉诺、伟大的拉斐尔、贝里尼（Bellini）一家、吉奥乔尼、乌切罗、利比（Lippi）、图拉（Cosme' Tura）、卡巴齐奥。他们中的任何一个人，其成就都足以光耀当代的艺术史，创造一个无与伦比的艺术盛世。但他们却都生活在同一个国家，而且差不多都生活在同一段时期。

谈论文艺复兴时期的绘画，必须从整个欧洲的范畴出发，不能将阿尔卑斯山以北的绘画大师们遗忘；在德意志，有丢勒（Durer）、克拉纳赫（Cranach），他们是文艺复兴运动及其发展趋势的直接参与者；在尼德兰地区，有扬·范·艾克（Van Eyck），他的创作虽与意大利大师们的创作不同，但对于包括意大利半岛在内的艺术演进，同样有着相当重要的影响。因此，虽然文艺复兴运动与其他文艺运动相比，时间要短得多，但文艺复兴也持续了将近两个世纪。两个世纪中有无数的、丰富的、无与伦比的创作诞生了。

同时，这些作品的创作也非常自由。仔细研究就可以知道，抛开哥特式艺术的呆板以及预设的构图规则限制，除掉先前曾有的封闭式的建筑框架，

“自由”是文艺复兴绘画中最典型的特色。这并不表示文艺复兴没有布局与规则，不过，在文艺复兴时期的创作中，人物图像是经过组合而成的，加上最重要的透视法的运用，带来前所未有的效果。与一般的想象相反，透视法是一个新的技法，在刚刚开始发展的那段时间，它对绘画的影响力与重要性，远远比不上它对建筑的重要性。

事实上，透视法并没有马上被应用于绘画中，即使被应用，也未必能被彻底、持续地运用在画布上。原因很简单：只有想创作一幅完全符合实际情况的画作时，透视法才会显出其重要性，也才能彰显其在技法上的基本功。不过，绘画是以（或曾经似乎是以）绘图为基础的。这样，透视法的发现与应用便使绘图成为所有艺术学科中的共同语言，因为它导致了“计划”的诞生。而“计划”永远比创作过程本身更能深刻地表现艺术品的精髓。

透过绘图可对各种艺术理论进行试验，从试验到实际创作之间的距离是短暂的。简言之，自文艺复兴时期开始，绘画成为艺术演变的踏板。

在十五世纪及十六世纪初期，绘画艺术诞生了一系列的新技术，新的表现手法大大增加了创作时的表现能力，同时减少了完成一幅绘画或壁画所需的成本与时间。

将近十五世纪末时，油画从荷兰传入意大利。他们的油画技法比意大利艺术家一直使用的画法要方便、有效率得多。尤其是油画具有重现现实情境的能力，而现实正是“诱惑”文艺复兴风格艺术家们、最具魅力的东西。几乎是在同时，布料也被广泛用来当作绘画的媒介物，取代了原先一直被使用的木板。如此一来，绘画作品的寿命以及可以随处搬运的方便性便增强了。

同时，绘图技巧的演变也带来了其他的结果：在正式作画之前，总是会使用一系列的草图。因为使用透视法，质量更好的纸张以及新的绘写工具让

主题明确：马萨乔

文艺复兴时期的绘画有一个共通的特色，是对“主题明确”的追求，亦即在人物身上追求鲜明的三度空间效果。此外，还强调将人物限定于一个明确的空间中。对于这类作品而言，透视法的运用便显得十分重要。

◀《圣彼得像》，细部

▼马萨乔，《贡物》，细部，佛罗伦萨，卡米那（Carmine）教堂

马萨乔差不多已经展现了文艺复兴全盛时期绘画创作的所有特点：雄伟，对人体的忠实描绘，不同部分之间的完美比例。三度空间的效果也令人印象深刻：人物虽是绘制的形象，但却有如雕刻于平面上的立体人物。

绘制草图变得更为简便。新的书写工具包括红粉笔、彩色笔等等，它们与旧的绘图工具，如刷子、鹅毛笔、银质尖头笔、炭笔等一起并存并用。

壁画的创作亦因使用草图而方便许多：在纸板上画出物件，边画边研究，然后再借助一种印制术，将这些纸板草图移印在灰泥墙上。在过去，创作壁画时必须直接在灰泥墙上用粗线描绘出草图，然后飞快地进行即兴式的创作，将单调的草图加以补充，而不是依照确定的草图进行创作。

那么，艺术追求的目标是什么？又采用了哪些形式来表达这些目标？面对一个拥有这么多杰出的天才、作品、风格的文艺复兴运动，如何做出简赅的概述，这是很困难的事，即使它们之间的确存在一些共同的主题与特点。但就某种程度而言，这么做是徒劳无益的。至少对于西方的绘画而言，一直以来，绘画的古典主题主要被限定在人或人所处的环境之中，这也是文艺复兴绘画风格的主题。它的主要创新点在于：追求将描绘的对象以实际的风貌呈现出来。这是符合逻辑的，整个文艺复兴艺术的发展兴趣都包含在对人、自然风景以及人与自然风景之间的描述。就描绘人及其所处的环境而言，文艺复兴风格的画家可分成两大主要流派。每个流派的作品都充满了绝对的、典型的文艺复兴风格，但它们的形式却截然不同。

卡巴齐奥，《骑士肖像》，马德里，第森・波勒米萨收藏馆

曼特尼亚，《孔萨戛与其子法兰契斯卡主教的会面》（修复后），曼图瓦，公爵府邸夫妻房

油画

人们一度认为，扬·范·艾克是油画的发明者，但很可能在更早的时代，油画就已经存在了。在特奥菲洛（Teofilo，十二世纪上半叶）与契里尼（Cennini，十四世纪末）的论文中，都曾经提及油画，然而从十五世纪中叶开始，油画才开始被广为运用。虽然油画最常被运用的材料为布，但最开始油画是在木板上创作的。木板必须先经过一番准备，先将石膏与糨糊调和成底色，再以极细、极薄的手法，精细无比地一层层地涂在木板上。

底色颜料是用土、植物或动物的油脂和磨碎的矿物质均匀混合而成的。不过，有趣的是，黏合剂却是由普通的核桃油、亚麻油，或罂粟油来组成，或是用松节油或迷迭香油混合而成。而使用后者，会让底色更有透明感。

这样调配成的颜料干燥得慢，使用时可以更精细地调配色彩、调整色差、增加色谱的应用范围，以获得更大的明暗对比效果与造型效果。表层可以用不同的形式：从完全光滑、细腻的表面到泛皱、凸凹的表面，以显示刷子或着色力道的痕迹，赋予油画表面一种更有生命力、更厚实的感觉。

扬·范·艾克，《罗林的圣母》

对于第一个流派或学派的艺术家们，可用一个虽然有些武断、但却方便并具有意义的称号来概括，即“前卫画派”。之所以这么为他们下定义，是因为他们的作品与过去时代的作品有很大的不同。这个流派的艺术家们拥有一个突出的但不是唯一的关注点，那就是使用新的方式来表现人，尤其是人

主题明确：法兰契斯卡

法兰契斯卡的作品清晰地展现文艺复兴风格特点中的构成元素：透视法。透视法是最基本的元素。整个构图几乎都是数学的：建筑物位于视线正前方，根据与建筑的四方形成比例的原则，对人物的群体形象进行精确的分布，让两组人物之间互相产生对应。

法兰契斯卡，《鞭笞》，乌尔毕诺，公爵府邸
人物的空间布局具有严谨的逻辑性。但这又是一个舞台式的描绘：以单一的中心视点，正对场景，场景中的人物似乎正在摆姿势，他们全都被框限于建筑之中。

的身体。实际上，我们可以用人物的丰满感觉来概括、描述他们在绘画创作时的基本特征。“丰满”指的是什么呢？长期以来，即使人们想在绘画中准确地描绘人的身体，而且是以三度空间的观念来重现人体，也没有相对的方法可以运用。

过去人物常被画成“身影”，并且安排在由金色的或很虚假的背景中，是个完全没有厚度的轮廓。在文艺复兴时期，针对这个问题有了两种解决方法：一种是利用透视法，加强对人物的所在地，也就是环境的描绘与表现，如果画家愿意，甚至可以在画布上绝对精确地描绘出现实的情境；另一种是在当时文艺复兴的整个文化发展，均导向于推动艺术家们去彻底研究“人物”，将人放置在一个非常明确的，可以辨认并且精心重现的环境中。要达到这个效果，可以利用许许多多的方法来绘制，但新的艺术典型采用了利用绘制草图的方式。

梅西那，《圣・杰罗拉姆在读书》，细部；伦敦，国立美术馆

这个流派的创始人，是十五世纪最伟大的绘画艺术家——马萨乔（Masaccio）。马萨乔英年早逝，不到三十岁即离开人世，但当时已被同时代的人誉为是绘画艺术界的布鲁雷奈斯基

（Brullelicschi），意指新创作方式的先锋。他的作品数量不多，但皆为卓越不凡之作。其最显著也最富意义的特征，在于画中人物的雄伟、厚实和面容庄严的外观。

人物的动作不多，有的人物甚至是完全静止地直立着。但每个人都在画中环境构成的舞台上，有自己明确的角色（将画中的人物视为假设的剧台上的演员，是当时的一种习惯，尤其以十五世纪的绘画为典型），也都占据着一个明确可分隔的单独空间，而且每个人物都是毫不含糊地以三度空间的思维来呈现。

将有许多的艺术家沿着这条路走下去，尤其是在文艺复兴时期的第一阶段，法兰契斯卡即是一例。在他的画中，人物强壮、高大，而且人物四周的环境与风景是“精确地”被绘制而成，而这正是文艺复兴时期艺术的另一个典型特点。

不过，正如雕刻一样，这个流派的高峰，将由米开朗基罗总其成。在他的作品中，通过绘制草图而创作出来的人物，都是典型的丰满人物，甚至是“爆炸”型的丰满人物。创

法兰契斯卡，《复活》；阿列佐（Arezzo）省圣墓镇（Borgo Sanseplcro），市立美术馆

作丰满的、健壮的、结实的、英雄式的人体，几乎是这位艺术家唯一、首要、时时刻刻谨记在心的志趣。

除了这个被我们称为“前卫”的画派之外，还有一个与它相对应，在整个文艺复兴时期都与之并存的画派，那就是“保守主义”画派。同样地，将它定义为“保守主义”亦难免有武断之嫌。

“丰满”的人体：米开朗基罗

透过米开朗基罗的作品，我们可以了解，文艺复兴时期画家们已经将对人体的研究、赞美与艺术表现推到了极致，甚至被发展到了有点夸张的地步。不过，无论是在布局方面——使用粗曲线而不再使用几何形体，还是在对人体的三维表现方面，米开朗基罗的独特技巧都已达到驾轻就熟、炉火纯青的地步。

米开朗基罗，《创世纪》，罗马，梵蒂冈，西斯汀教堂拱顶细部

风景被减到最少，重点全部集中于亚当与上帝身上。

创作这些人物时，艺术家并没有模特儿。但他对人体的认知程度，已经使他能够“创作”出独特的人物来，将人物的若干部位予以加强，使主题更为“自然”。

不过，这个形容词概括指出了这个画派的画家们所遭遇到的困难，那就是：怎么能完全抛弃前人在绘画创作上所累积的辉煌成果，尤其是那种梦幻般的、快乐的、色彩鲜明的且温柔甜美的氛围呢？

如果想要用一个元素或一个概念来概括描述这个画派画家们的作品的话，“优雅”对于他们而言，其重要性正如“丰满”对于“前卫画派”的画

提香，《巴克斯酒神与阿丽亚娜》；伦敦，国家美术馆

帕勒玛（Palma），《维纳斯与爱神》；剑桥，费茨威廉博物馆

家们的重要性一样。这种“优雅”是透过“线条”这种卓越的技巧运用，借由轮廓来描绘物体而获得的。

安基利科修士、波提切利、克拉纳赫是这个画派的代表。他们当然也不拒绝文艺复兴艺术独有的新技术与新理论：透视法、自然主义、对人体的分析与研究等等。不过，他们的兴趣并非为了呈现结实、丰满的人体，而是集中在表现手势、衣褶、色彩的优雅上。对“前卫画派”而言，首先要强调的是线条的简洁，富含感官刺激的人体，充满童话或梦幻色彩的背景；但对“保守主义”画派而言，强调的却是严肃、雄伟与隐含在画布上的力量。

◀安基利科修士，《圣母领报》，纤细画；佛罗伦萨，圣马可博物馆

▼安基利科修士，《殉道者圣彼得》，三联画，细部，佛罗伦萨，圣马可博物馆。

波提切利，《维纳斯的诞生》，细部；
佛罗伦萨，乌菲茨美术馆
优雅的人物形象：髻发、面如凝脂、体态典雅、风姿绰约。这样的人物正对应于马萨乔或法兰契斯卡画作中的高大、丰满的人物形象。

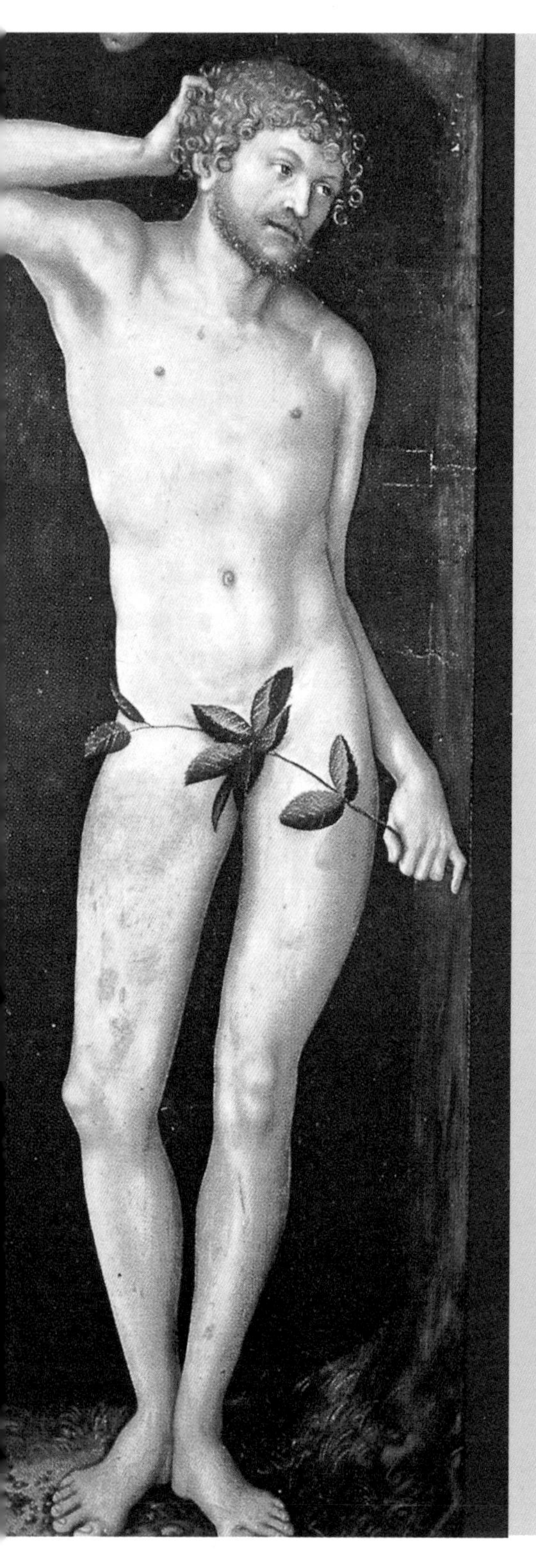

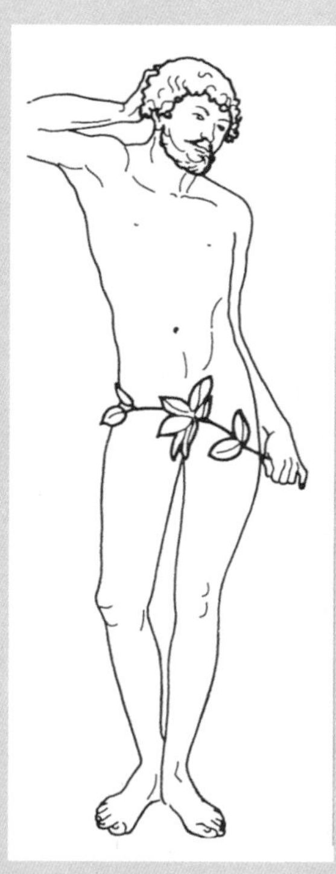

克拉纳赫，《亚当》；佛罗伦萨，乌菲茨美术馆

即使是如克拉纳赫这样的外国艺术家，对于强调以线条与色彩间的优雅和谐为基础，也更甚于强调对空间与休积的追求，但对以表现空间与深度为基础的绘画方式，也并非无动于衷，这是很自然的，因为二者存在明显差异的绘画方式，却最接近北方国家的绘画传统。克拉纳赫的绘画典型特色是：背景均匀一致，不是蓝色、褐色，就是浅绿色，而人物的轮廓则突显于其上。

罗伦佐·洛托（Lorenzo Lotto），《马西里奥老爷与其夫人》，细部；马德里，普拉多美术馆

肖像画：《梅西那》，男人肖像（被认为是自画像）；伦敦，国家美术馆

由于文艺复兴运动强调的是个人，所以肖像画亦相对地受到重视。最初，典型的半身肖像画多采取侧面，但不久之后，即转为四分之三正面的肖像画，人物多半展现在一个深黑色的背景上。

法兰契斯卡，《蒙特菲罗公爵肖像》；佛罗伦萨，乌菲茨美术馆

该肖像画是十五世纪同类型作品中的第一幅尝试之作，对人物的侧面描绘十分准确。虽然人物的每个生理特点都被严谨地重现，但这种简单的处理手法显得不够真实。画家对于是否要将注意力集中于人像上的问题，仍然犹豫不决，最后依旧将人物嵌在一处自然景观之中，人物虽然迷人，但亦容易分散观画者的注意力。

最大的不同点尤其体现在两者对画的不同概念上。前者在某种程度上将画视为舞台，组成舞台的基本成分有三个，它们分别是由布景（建筑、山脉、自然物体）所确定的空间，人物在该空间中的位置，以及单一人物在人物群体中如何突出个人特色。后者则认为，一幅画的首要构成物是平面。在平面上，透过绘图、调色，可表现物景。因此，真正占据重要性的是决定平面的分割布局方式，以及创作人物时所展现的优雅风格，更重要的是画作本身，而非画的题材。总而言之，这是一种我们姑且称之为主题画的绘画特点。主题画所要表现的是一个故事、一个事件，或者是一种情境。

主题画并非是文艺复兴艺术中唯一的发展形式，另一种获得巨大成就的艺术形式就是肖像画。在更早的时代中，肖像画的创作一直都存在着。但在中世纪，人们要求画家表现的是被绘制人物的地位，而非其个性或脸部特征。简言之，是为了表现人物的职位或象征，而非人物本身的长相。文艺复兴时代已不能再接受这种表现方式了。因为它违背了当时艺术家们的信仰，在文艺复兴时代，他们将人类、甚至是个人视为是历史、文化与时代进步的动力。

订画的客户开始要求能获得与自己形象相似的肖像画，于是画家们开始创作这种肖像画。就像任何新的尝试那样，技术能力最初限制了表达手法的多样化。实际上，最初的肖像画绘制的多半是侧面的人物肖像：人物直视自己的前方，画家似乎是与人物的肩部在一条直线上，描绘其脸部特写。这种肖像画的艺术效果都很突出，一般而言，其对人物的生理、心理状态的传达也很成功，但不能不承认，画的布局方式是虚假、刻意的，并且有很大的局限性，因为人们不可能用这种方式来观察人。

实际上，画家还未完全摆脱惯例的束缚，就算是利用透视法来呈现一个色彩丰富、位置精准的真实背景，而不再让背景是扁平的这种尝试，在当时都属创举。而人物的脸部也经历了同样的改变：不再是一个影子的轮

大自然的加入

对大自然的兴趣，导致风景在绘画中不断地出现，有时，甚至重现了实际的自然景观。

吉尔吉欧那（Giorgione），《暴风雨》，细部，威尼斯美术馆

意大利中部地区的画家们，把绘画视为上了颜色的绘图，然而威尼斯地区的画家们，却将绘画视为依据绘图而分配的色彩集合。所以，后者并不是很注重线条与严谨的透视法。他们的绘画作品，以对色彩的高明运用为基础。吉尔吉欧那在这方面完成了一项重要的技术成果：色调画，即在绘画中展现了明亮与阴影的效果，人物本身亦使用渐层的明暗色调，让形象显得突出。

廓，而是已经具有实际形态的脸，其线条的描绘十分精确，同时也突出了个人的生理特征。几十年之后，画家们更能掌握、创作具有自然姿态的肖像画——四分之三正面的肖像画——的技巧，这时观众似乎正位于人物前方的某个侧位。

随着对自己的绘画手法信心增强，画家们终于抛弃了在背景上描绘虚拟的自然风景，代之以突出人物形象的深黑色背景。而且，他们以色彩优美，丰富的油画代替了相对阴沉、表面光滑的木板，尤其是在创作梦幻式的肖像画时。风景甚至成为单独的主题，并产生了专以风景为题材的创作，这种趋势正是从文艺复兴时代开始的。从某种意义上说，正是因为肖像画的发展，才形成自成一格的风景画。

先前并存于同一幅画作中的两个主题——人物与环境（或称之为风景），如今必须各立门户，自成体系。对“人物”的发展，我们已有描述。至于“风景”，从一开始便出现两种流派：一种注重自然景色，即反映乡村风光与幻想中的景色；另一种则注重城市景观及建筑景观（此类作品中，威

贝里尼，《神的庆典》，华盛顿，国家艺术馆

这是画家在晚年时期，根据其丰富的想象力创作而成的。这幅匠心独具的作品，是为了奉献给阿尔方索·德斯特（Alfonso d' Este）的“以雪花石膏砌成的小屋”；后来，提香将其中的风景加以改动，但并未改变整幅画温静、悠远的神话故事氛围。

尼斯画家们的作品堪称典型，名闻遐迩。它们反映了威尼斯城及其市民多姿多彩、千变万化的生活情境），既有写实的描绘，也有许多虚构的作品。正因为有许多的虚构作品，第二种流派将逐渐占据重要地位，促成了之后一个令人炫目的创作风格——使用带有虚构的建筑图饰，来装饰豪宅府邸与教堂的天花板。

在十五世纪与十六世纪，两个画派皆有上乘之作。不过，有一点必须加以说明，那就是这两类画作从来没有达到将人物形象完全排除于画作之外的地步，即使风景是画的主题，也从没有将人物放在纯粹的附属地位，将人物视为衬景的地步，要到后来才发展到那种地步。在整个文艺复兴期间，人物本身受到格外热烈的重视。人物总是如实地出现在画中，至少表面上看来如此，人物必然是绘画创作中一个方便而省事的主体物。

在强调建筑的绘画中，透视法的价值是明显的，甚至可以说，这种价值是被发现的。画作的构思与创作，几乎可以说都是为了显示这种新技法，可以再现事物的能力（有时的确如此）。透视的布局几乎总是向心性的，也就

法兰契斯卡，《神圣的对话》，细部，米兰，布莱拉美术馆
从画作中可以看出精确的透视技法，而且，在拱顶式巨型建筑与由环绕宝座而立的圣人，共同构成了整幅作品。公爵本人身披闪闪发光的盔甲出现在画中。布局在半圆形无可避免的些许透视差异下，仍充满自由与动感。

是说建筑的任何线条都会聚集在一个单一的透视点上。通常地，整幅画采用了许多复杂的形式，毫不含糊地出现在这种单一透视点的布局上。

文艺复兴时期绝大多数的绘画作品，都是以宗教题材或与宗教相关的事物为内容。《圣徒像》，《圣经故事》，《对神的赞美》，象征性或仪式性的主题，这些画作的订单都是让艺术得以维持生存的基础。这些题材也大量

展现精确的透视法

曼特尼亚，《新婚夫妇房的天花板》，曼托瓦（Mantova），公爵府邸
这幅画竭力表现出透视法的精妙处，即使用透视技巧装饰豪宅，或教堂的天花板的装饰画，这幅作品都将成为一系列相关画作的模范典型。壁画所表现的是在房屋的天花板上，“睁开”着一只望天的大眼睛，在眼睛之侧出现了诸多的人与动物。

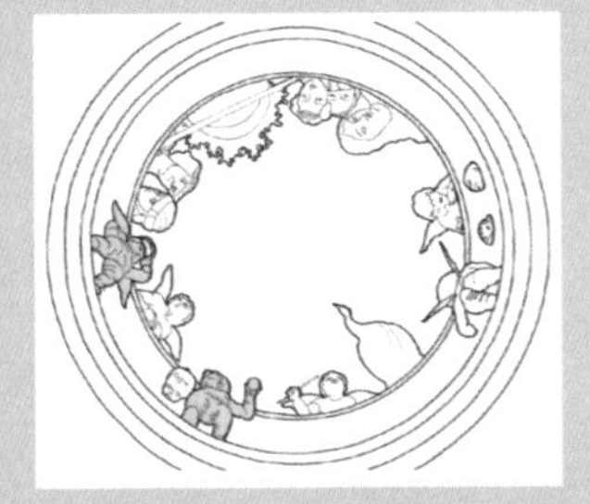

地出现在这个时期的绘画作品中。不过，最常见的一个主题则是描绘圣母与圣婴。十五世纪与十六世纪的画家们，几乎没有一个不在其创作中，至少创作过一两次这个主题，或者会在别的创作中，自由地运用这个主题。某些画家，比如拉斐尔，就以圣母、圣婴图作为其典型的创作题材之一。当然表现这个题材的手法有很多种，但是占据主导地位的手法只有一种。这种手法既受传统影响，同时也吸纳了新的观念。

既庄严，又具备实用性，事实上都是由主题本身来决定。这种手法就是指将圣母与圣婴两个人物组成一个金字塔状。最外侧的线条包括：以圣母的脚及其衣裳的下摆作为基础线，而以圣母的头部为顶点组成三角形。实际上这样的布局是固定的，也是最典型的文艺复兴式圣母像的构图规则。当然，这种构图规则也可以进行许多的变更，尤其是借助于一些愈来愈讲究的新手法。比如对比式，即身体的一些部分相对于其他部分，作部分的旋转（在圣母坐像中，脚转向右，头部向左，整个身体呈扭曲之态，由此造成画像的动感与生命力）；还有明暗式的光线处理手法（达·芬奇是此类画风的代表人物）。借助光线与阴影的交替运用，而非借助于描绘来展现人物的轮廓。简言之，这类绘画所强调的是光亮部分与阴影部分的对比；有趣的是，整幅画呈现出朦胧隐约的感觉，似乎是透过面纱来看画。

上述几点就是文艺复兴绘画的创作规则，也是最易辨别的组成元素，借由这些成分的融合与应用，共同创造了文艺复兴时期绘画的基本形式与特点。

文艺复兴时期的艺术作品广为世界各地的美术馆、收藏家所珍藏。文艺复兴艺术促成了令人难以置信、各具特色的众多天才画家的诞生。文艺复兴艺术也确立了许多影响至今的规则与模板。它清楚无误地宣告了中世纪，千年之久的文化与历史的结束及现代历史的开始。

这一切都是在短短的几十年中，在一个国家里发生的。在这短暂的时

布局规则

如同创作雕塑那样，金字塔式的布局同样在绘画中占据主导地位，尤其是在当时非常流行的圣像组画中。通常，除了金字塔式的布局外，还加上以风景为内容的背景，这种背景可说是金字塔式布局的一部分。背景可以是自然景观，也可以是建筑物。但不管如何，背景仍然根据一定的规则创作而成。

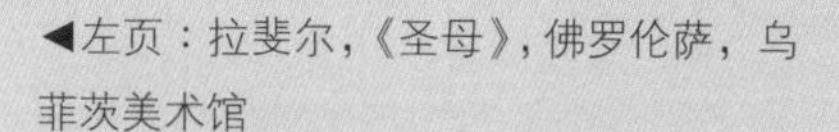

◄左页：拉斐尔，《圣母》，佛罗伦萨，乌菲茨美术馆

达·芬奇，《抱着貂的贵妇人》

期中，这个国家涌现出的艺术家比其他国家在全部历史所产生的艺术家还要多。就像我们无法透过对服饰的观察，就去论断一位农夫的人格与个性那样，我们也不可能通过对该时期规则性的技法的阐述，就能充分认识、了解文艺复兴时期艺术的内涵与活力。但透过这样的分析，或许是迈向理解、欣赏一个如此多产、有趣、生动、有生命力、深具内涵与意义的艺术时期的第一步。

达·芬奇的著作

达·芬奇将科学研究与绘画创作完美地融合在一起。绘画是他整个生活中不可分割的一部分。《关于绘画的论述》这部作品即是明证。

《关于绘画的论述》是从达·芬奇的一位门徒的笔记中摘录而成的，它记录了达·芬奇对于绘画与科学关系的思考与探索，从该论述中可以得知，达·芬奇非常重视绘画应具有崇高的“心理对话”。同时，我们可以了解达·芬奇对艺术家的高度评价，他认为艺术家应该是“能展现人类思想中所有事物的主导者”。我们从《关于绘画的论述》这部作品中，选摘几则达·芬奇对绘画下的若干定义，如下：

“画家并不值得赞美，如果他并非全能的话。”

“啊，美妙的科学，你赋予昙花一现、将随时间流逝而衰亡的美丽以永久的生命。”

“看那灯光，欣赏它的美丽；眨眨眼，再看它，你现在所见到的，先前并未见到；你先前见到的，现在已无从寻觅。”

朦胧的画法

伟大的达・芬奇是一位拥有特殊绘画技法的大师，尤其是对明暗对比的绘画技巧的运用特别精湛。这种技法是通过对阴影的精细、分层次的处理，使明亮区域与阴影区域之间的过渡显得温和、柔细，不容易察觉。这种技法被称为朦胧画法，它赋予达・芬奇的绘画作品一种不寻常的特点，仿佛作品上蒙上了一层薄薄的纱。

达・芬奇，《圣・安娜、圣母、圣婴与圣・乔凡尼诺（San Giovannino）》，巴黎，卢浮宫

达·芬奇，《带着康乃馨的圣母》，摩纳哥，古代美术馆

在复杂布局中所使用的几何布局规则

自始至终贯穿文艺复兴艺术的一个特点，是在任何情况下都追求理性布局的规则。任何一幅文艺复兴风格的作品都是先在脑中“建筑”好的；清晰有序，依循严谨的几何规则。无疑地，这构成了文艺复兴艺术的魅力之一。

达·芬奇，《玫瑰经的节庆》，布拉格，纳诺德尼美术馆

丢勒，《对三位一体的天主的朝拜》，维也纳，艺术史博物馆

Baroque Style
巴洛克风格

贝里尼，亚历山大七世教皇之墓，罗马，圣·皮耶佛罗（San Piefro）大教堂

导 论

巴洛克艺术垄断了十七世纪及十八世纪中叶之前的艺术界。它的影响几乎波及整个欧洲，并延烧到拉丁美洲。

不过，这只是就一个大略的断代和概括的地域来论述。实际上，巴洛克艺术风潮在不同国家出现的时间各不相同，同样地，没落的时间也不会一样。虽然各国的巴洛克艺术形式都是精准无误地建立在一些共同的论点上，但相互之间却又存在着显著的差异。甚至一些在若干国家中极为常见的巴洛克艺术特点，在其他国家中则几乎看不见。

这种不一致的现象，可以归咎于地域因素，也可以归咎于历史因素。十七世纪初，巴洛克艺术在教皇统治的罗马诞生、发展。当时巴洛克艺术的风格与形式尚未被真正地确立下来，它只是一种正在发展中的艺术趋势、一种流行的风尚。之后，它以同心圆的方式迅速扩散到欧洲的其他地区，以及受到罗马教廷影响的一些拉丁美洲国家。因此，在离意大利愈远的国家，典型的巴洛克艺术形式出现的时间也就愈晚。另外，在文化、宗教、政治环境各方面，本来就与意大利很相近的那些国家，巴洛克艺术都受到大众的喜爱，并迅速地传播开来；反之，本身的历史条件及环境原本就与意大利差距相当大的国家里，巴洛克艺术则遭到了彻底的排斥。

正如那些外来的文化思潮往往会在当地被同化一样，发源自意大利的

法兰契斯卡·卡斯特里（Francesco Castelli），罗马，圣卡罗（San Carlo）教堂的拱顶

辉煌雄伟、装饰繁丽的教堂拱顶，可视为巴洛克建筑的代表作品，教堂的拱顶装饰以十字架、八角形、六角形等错综复杂的镶嵌艺术组合而成。

巴洛克艺术风潮流传到各国之后，也会兼容这些国家本身独特的民族风格与艺术特点，重新建构一个辉煌且相互融合的完整艺术风格，并且展现在各国的建筑、绘画及其他艺术领域上，而其成就并不亚于巴洛克艺术展中现在意大利的建筑、绘画及其他艺术领域上的成就。甚至在某些特定领域的成果[例如：鲁本斯（Rubens）、伦勃朗（Rembrundt）、委拉斯盖兹（Velazquez）的绘画创作]，还明显地超越了意大利的巴洛克艺术。以至于到了巴洛克艺术时代的后期，原本引领欧洲大陆艺术潮流的意大利，已经逐渐丧失了龙头地位，取而代之的是法国，而意大利则与其他国家一样，远远地瞠乎其后。

巴洛克艺术形式的理论是非常模糊的。早期，巴洛克艺术的代表艺术家们都自许为文艺复兴艺术的继承者，他们将文艺复兴的艺术准则奉为圭臬，但是不论在表面上或实质上，却往往不自觉地违背了这些准则。文艺复兴艺术是平衡、严谨、含蓄、节制，并且富于理性及逻辑性的艺术风格；但巴洛克艺术风格则是动态的、标新立异的，喜欢追求无限及非完整性，强调光线的对比，并且敢于将各种风格不同的艺术形式大胆地混合在一起。

比较起来，前一时期的文艺复兴艺术有多么安详、含蓄，巴洛克风格就有多么富戏剧性、多么争奇斗艳。这是由于这两种艺术运动的目的原本就

罗马，圣玛利亚教堂内的柯纳罗（Cornaro）礼拜堂

贝里尼（Bernini）将建筑、雕塑、绘画融为一体，重现圣特雷莎（Santa Teresa）的狂喜。贝里尼希望能借由这个作品激发观赏者内心的感受。

不同，所以两者的发展走向自然也就不会一样，甚至可以说是全然地背道而驰。文艺复兴运动追求理性，以说服人的想法为宗旨；巴洛克运动则强调本能，追求感官刺激、喜欢幻想，以引诱人的意识为目标。因此，巴洛克艺术被说成是“天主教教堂的艺术工具”，这种推论其来有自。那是因为，当时天主教教会正竭力吸引异教徒们重返天主的怀抱，并且致力于巩固信徒们的坚贞信仰，所以必须刻意展现其庄严、雄伟的气派，以激起信徒们的信心，而教堂建筑正是展现这种企图的最佳途径。

建　筑

直到今天，在整个欧洲与拉丁美洲，仍然可以看见无数巴洛克艺术风格的建筑物。不过，在不同国家里，巴洛克式建筑却可能展现出全然不同的风貌。既然如此，我们又为什么要将它们都称之为“巴洛克式建筑”呢？这么做一方面是为了方便归纳起见（即简单地用一个名词来概括一个时期的艺术），但是最主要的原因则在于这些艺术作品中都存在一个共同的内涵、一个共同的核心。试着分析这个内涵、核心，我们就可以彻底理解巴洛克艺术的风格与特色。

这个共同的核心指的就是这些艺术所显现出来的随意性、非逻辑性，和夸张的趣味。正因为如此，十七世纪的艺术才会被统称为巴洛克艺术。在伊比利亚半岛，巴洛克（Barocca）这个词指的是一种不规则的、怪异的珍珠；而在意大利，这个词则意指学究式的、晦涩的，没有多少论辩价值的思维与逻辑。然而发展到最后，这个词几乎在所有欧洲的语汇中都演变成怪诞、变态、不正常、媚俗、荒唐、无规律的同义词。因此，十七世纪中叶之后的批评家们，便将上个世纪的艺术冠以“巴洛克”之名，因为它们看起来的确具备了这些特质。到了十九世纪下半叶，瑞士批评家亨利・沃弗林（Heinrich Wolfflin）及其追随者，则赋予这个称呼更客观的定义。他们将十七世纪及十八世纪初的所有艺术统统定义为“巴洛克艺术”，因为这些艺术作品中，的确呈现了这些共同的特征。

巴洛克艺术的特征

这些特征包括：一、描述真正的动感曲线或是象征性的动感物（真正的动感曲线指的是，波浪状的墙壁、能喷出不断变化形状的喷泉；象征性的动感物则指正在做剧烈运动或看起来动作很用力的人物，而他们都充满动态感）。二、致力于表现或暗示无限延伸的可能性（例如：消失于地平线的大道，使用镜片原理来描绘壁画，或者改变透视点使景物变得模糊、难以辨认等等）。三、对艺术作品的光线及明暗效果的重视；对戏剧性，舞台布景设计及华丽感的热烈追求；不遵循不同艺术形式之间的界限，将建筑、雕塑、绘画技巧互相混合运用等等。从批评的角度来看，赋予这些新定义可能是解决问题的最佳办法，因为巴洛克艺术不仅单指一种风格，更是多种不同艺术的和谐混合体，代表一种面对生活与艺术的态度与品味；因此，我们还可以用巴洛克来称呼其他事物，例如巴洛克式音乐、巴洛克式戏剧，甚至是巴洛

在齐恩·罗伦佐·贝里尼（Gian Lorenco Bernini）设计的教堂中，他最喜欢位于罗马古里纳（Quirinale）的圣安德烈（Sant' Andrea）教堂。这座教堂代表着巴洛克建筑最典型的风格（即以文艺复兴艺术准则为基础，在一些小地方做出变化，营造出不同的效果）。在巴洛克式教堂的正面中，中央部分比两边还要重要。贝里尼在圣安德烈教堂正面的墙壁上，加盖出一个半圆形的小殿。这个小殿优雅可爱，上面设计了一个高顶，采用了许多巴洛克艺术家喜欢使用的曲线，相当富有动感。

克式仪式与巴洛克式服饰！

现在，让我们用比较简单的方式来了解，人们在十七世纪究竟建造了什么样的建筑，它们的设计者又是以何种概念来设计的。

巴洛克时代典型的建筑有两种，一是教堂，二是豪宅。这两类建筑的代表性作品为数众多，而且最受当时建筑师的喜爱。这两类建筑都有很多种形式。教堂就分成主教堂、区域教堂、修道院等；豪宅则有城市里的宫殿、乡村的皇室度假别墅，还有在当时很流行的豪华宅邸等。除此之外值得一提的还包括在都市计划方面所获得的成果。

都市计划的目的就是为了要让生活更便利，建筑师事先就规划好各个建筑物及公共设施的坐落位置，并且按照蓝图来进行都市的建设及相关的工程。例如：在当时只要是重要宅邸的旁边通常都会规划一座巨大而且美丽的花园。

我们可以用很多种不同的角度来观察一栋建筑物。可以把它看作是由许多个不同形状的立方体穿插、重叠出来的立体作品（这是现代人的想法），也可以将它当作是一个盒子，而制做盒子的材料就是墙壁（文艺复兴时代的建筑家们都普遍抱持这种看法），另外，还可以只把它当作创造一个空间的支撑架构（其实这就是哥特式艺术的思想）。

而对巴洛克时期的建筑师来说，建筑就像一件大型的雕塑作品，可以依照自己的想法和需求来制作。这种想法是建筑观念上的一大突破，让巴洛克建筑师彻底放弃了文艺复兴时期，建筑师们所热衷追求的简朴、理性的基本建筑格式。虽然这种想法的产生绝非偶然，但是到了巴洛克时期，却已经完全被繁复、华丽、富于变化的建筑风格所取代。此时建筑已不再只是被“建造”起来的（即已不再是由自成一体的各个装饰元件组合而成的），它是被“发掘”出来的（即是一体成形的）。文艺复兴时期，建筑师们喜欢方形、圆形或古希腊的十字架形的建筑平面结构，而在巴洛克风格时期，建筑师则

巴洛克建筑的“荒谬”

巴洛克建筑并不排斥使用古典的建筑成分，如：圆柱、拱、三角墙、装饰花边等等，不过，这些元素被一种更主观且富有想象力的方式改变了。

这方面没有谁比波罗米尼做得更彻底。这座建筑正面的三角墙（即位于窗、门及建筑最上方的部分），一改以往的三角形或圆拱形的装饰，它们或被变了形（如大门上方的三角墙），或成为各式线条、形状（直线、曲线、弯角）的合成体（如下图），这些新造型有的甚至会喧宾夺主，不再乖乖地位于窗户的上方，而是位于窗户里面。

这种作风招来了十八世纪人们对巴洛克艺术的侧目，并且给了一些如“放肆”、“荒谬”之类的谴责与评价。

菲利浦·罗格基尼（Filippo Ragazzini），罗马，圣伊纳齐奥（Sant' Ignazio）广场

波罗米尼，菲利浦家族的礼拜堂，罗马

从礼拜堂正面的细部，我们可以看出艺术家在创作时，显然是任意地挥洒、非常随兴。而更经典的是建筑外观深具动感的线条走向，展现出很鲜明的巴洛克风格：下部向外凸出，像一个饱满的圆形花瓶瓶身一样；上方则设计出与下部相反的曲线，向内凹进去。小阳台很巧妙地被设计在上下部分之间，让一块阳光照射进来。这个扮演着重要角色的小阳台，和其他的细部一起被用来突显建筑物中间部分的重要性。位于古里纳的圣安德烈教堂的建筑，也追求同样的效果，但所采用的手法则大不相同。

使用椭圆形、拱形或是其他复杂的几何图形来组成繁复的平面结构。

意大利建筑师法兰契斯卡·卡斯特里 [Francesco Castelli，人们更熟悉的是他自己取的另一个名字波罗米尼（Borromini）]，设计了一座蜂窝状平面结构的教堂（用来纪念邀请他设计该建筑的雇主，这位雇主的家徽中有蜜蜂的图案），和一座墙壁忽凸忽凹的教堂；而一位法国建筑师则提出用一系列包含字母、能组成国王名字的平面结构来盖一座教堂，而这位国王就是被称为“太阳王”的路易十世。总之，巴洛克建筑师热爱以复杂的平面规划来组构建筑物，并且排斥简朴、单调的平面设计，因为他们认为建筑物是具有可塑性、可以任意发展的。这种想法甚至让他们摒弃了直线及平整的建筑表面，而以曲线和凹凸平面来取代，以使人们摆脱建筑物就是一个方正盒子的印象。在不规则的建筑表面之后，波浪状的墙壁成了巴洛克式建筑的典型特征之一。波浪状墙壁不但符合“建筑的整体是可以被塑造的”这个基本概念，并且也将巴洛克式建筑的另一个不朽的特点——“动感”，带入了建筑这个感觉上最静态的艺术形式中。而建筑师一有了追求动感的想法，巴洛克式建筑的墙壁也就更加具有趣味性了。

斯巴达主教府邸著名的圆柱廊（也叫作透视廊），将巴洛克式建筑对于空间感的独特思考，以及利用透视法实验出来的惊奇效果发挥得淋漓尽致。小走廊用灰泥修饰。站在庭园中，透过府邸左边的两扇门望过去，走廊显得很深很深，但实际上它只有九米长。这被尔宁·潘诺斯基（Ernin Panotsky）称为“魔鬼之诈”。

建筑的曲线

就批评学或历史学的观点来看，巴洛克艺术家往往会在建筑中或多或少加入有些规律的曲线，使建筑物产生动感，而这个特点使巴洛克艺术成为一种带有某些规范的艺术体裁。巴洛克建筑的内部是呈波浪状运动的；从罗马巴洛克艺术最伟大的倡导者和创造者齐恩·罗伦佐·贝里尼（Gian Lorenco Bernini）建造的圣安德烈教堂，到他的死对头波罗米尼建造的喷泉圣卡罗（San Carlo）教堂[又名智者圣伊沃（Sant' Ivo）教堂]，巴洛克建筑的外观看起来都是像波浪一样正在运动着：波罗米尼的作品，几乎全部都是这样，而贝里尼则用这种想法来规划巴黎宫殿中的一座浮宫。意大利、奥地利和巴伐利亚地区的建筑师们，也将这个特点广泛地应用在作品中。因此，波浪状的圆柱回廊被发明了出来。贝里尼把这种圆柱，运用在圣·皮耶特罗（San Pietro）大教堂中央的巨型仓库。接着，螺旋形的圆柱也出现了，而且还风靡一时；后来，一位叫瓜里诺·瓜里尼（Guarino Guarini）的意大利建筑师开始将螺旋形圆柱的高度提高，并运用在自己建造的几座建筑中，例如，

皮耶特罗·达·科多纳（Pietro da Cortona），圣路卡与圣玛提娜（Santi Luca et Martina）教堂，罗马

圣路卡学院的教堂重建工作始于一六三五年。在发现了圣玛提娜的遗体之后，科多纳大力支持这项重建工程，使这个工程一直持续到一六五〇年才完成。这座建筑雄伟壮丽，造型奇特，嵌入式的圆柱与耸立的方柱互相交替，不免让人想起米开朗基罗的特色。但是，建筑中也有许多富含浓厚装饰性的不连续曲线相当别出心裁，而拱顶的内部与外部更展现着一种随心所欲的创新精神。

在里斯本的一座教堂，他就采用一种“波浪格式”，用连续图案的波浪形装饰物将底座、圆柱、柱顶、横梁都连接在一起。虽然不是所有人都像他这样极端，但他们却都同样偏好使用曲线。因此，在巴洛克时期，倒三角形和涡卷形装饰非常流行。这两种装饰元件的线条变化丰富，像一个绕得很漂亮的线圈，如果用来连接高度不同的两个建筑体，会产生非常和谐而且华丽的感觉。

漏斗形和涡卷形装饰

漏斗形和涡卷形装饰，被用来装饰教堂外观的比例非常高，甚至已经成了一种惯例，这两种装饰物也因此几乎成了巴洛克式建筑的标志。外观奇特的涡卷形装饰，不仅是用来装饰建筑物而已，还有一个最主要的功能，即提高建筑物的稳定性，成为建筑物的扶壁。几乎毫无例外地，当时的教堂屋顶都采用拱顶。拱顶是由一组一组的“拱”组合而成的，而各个拱又会对墙壁产生推力。因此，必须使用扶壁来承受这种压力。扶壁在中世纪的建筑里，就已经被广泛地使用了，因为中世纪的建筑物最先遇到推力的问题。而为了将扶壁放进巴洛克式建筑中，就必须先使其外观和其他建筑体的外观和谐并存才行，以免人们把巴洛克建筑与来自“蛮夷之邦”的哥特式建筑相提并论。而倒三角形装饰物刚好可以解决掉这个问题。这个问题对于一个极为强调建筑外观的协调性的时代而言，并不是一个小问题。所以，当时英国最伟大的建筑师克里斯多夫·乌仁（Christopher Wren），在无法找出其他理由来使用造型特殊的涡卷形装饰物，又不得不为伦敦的圣保罗大教堂建造扶壁时，做了一个勇敢的决定：就是使用涡卷形装饰物做扶壁，并且将侧殿的墙壁加到和中殿的墙壁一样高，让两个侧殿矗立在中殿身边，而这么做的唯一目的，就是为了掩饰形状“不规则”的涡卷形扶壁。

巴洛克建筑师认为建筑是一个不可分割的整体，这个观念也使人们对建筑的看法有了转变，人们不再认为建筑物是由众多可以单独被分析的单元（例如：正面、墙壁、内墙、圆屋顶、半圆形的侧殿等等单元）所堆积起来的东西。因此，传统的建筑规则被淡化或被彻底抛弃了。例如，文艺复兴时期的建筑师们认为，一座教堂或豪宅的正面，应该由一个立方体，或者数个

巴尔达萨雷・隆格纳（Baldassarre Longhena），圣玛利亚教堂，威尼斯

涡卷形装饰的扶壁

威尼斯圣玛利亚教堂的建筑结构相当独特：一排小祭台环绕成八角形，上面顶着一个半圆形的大穹顶，而连接祭台和大穹顶的，是一种巨大的漏斗形装饰柱。这些漏斗形装饰柱承接住较为窄小的穹顶边缘，营造和所处空间环境一致的外观。

与其说这座庄严的白色教堂具有巴洛克特色，不如说它具有威尼斯特色。而位于教堂外部，巨大的涡卷形装饰的扶壁，则是巴洛克建筑艺术的最具代表性的建筑元素之一，它们成功地将为教堂的穹顶与古典风格结合在一起。

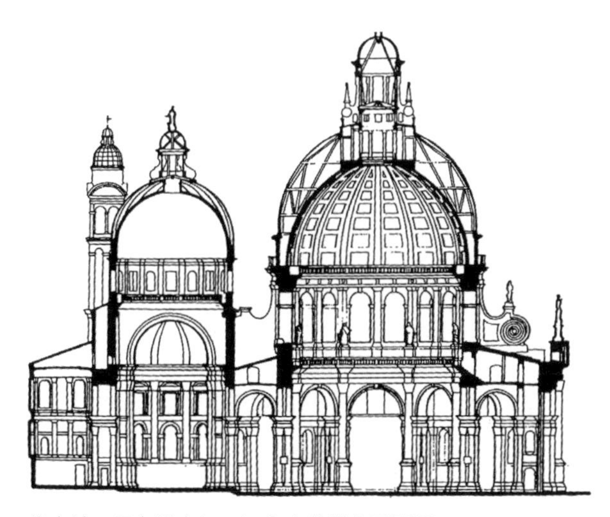

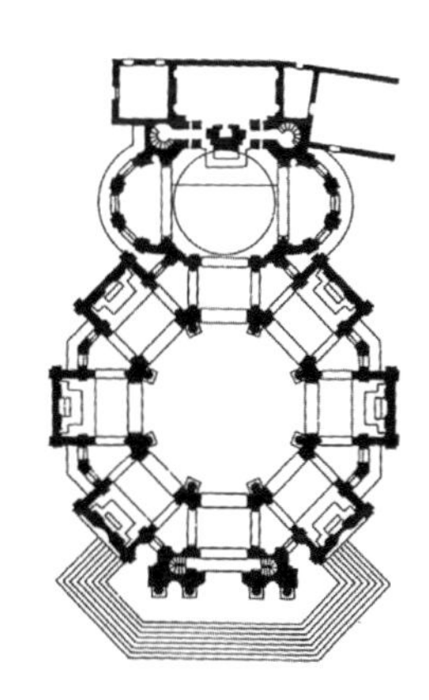

维也纳，圣卡罗（San Cavlo）教堂之平面图

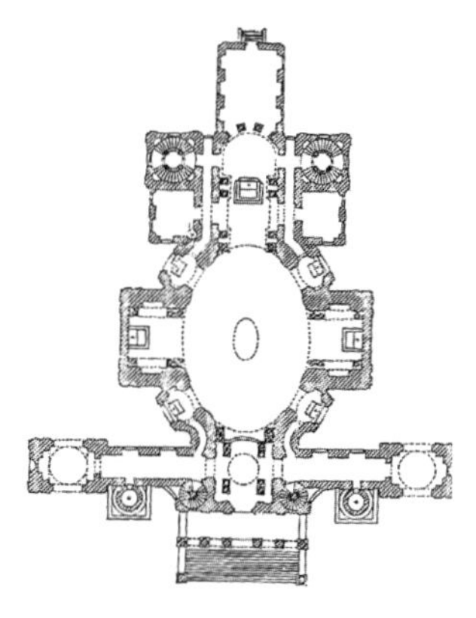

巴尔达萨雷·隆格纳（Baldassarre Longhena），威尼斯圣玛利亚教堂的剖面图与平面图

教堂是由三个部分并列而成：圆穹顶的八角形建筑；内殿中还附带着两个半殿，半殿上方另外设计了第二个圆形拱顶；唱经堂与内殿之间，则以一个拱门相隔，拱门下方以圆柱支撑，这些圆柱区隔了大祭场的活动空间。

分别与建筑物中每一个平面互相对应的立方体组合而成。但巴洛克时期的建筑师们却认为，建筑物的正面就是建筑物的外观，代表着这座建筑给人的第一印象，应该拥有一个和谐且统一的风格。

虽然，巴洛克建筑仍然保留了一座建筑物必须平均划分为许多屋舍的传统规划，但是，在建造正面的中央部分时，仍然会比较注意中央这个建筑本身的上下整体性，而非中央和两侧建筑的搭配关系。如此一来，加强垂直方向的设计会让建筑物显得挺拔、突出，并且和水平方向的设计形成鲜明的对比。不过也正因为如此，透过各种技法，正面的墙壁上突显的部分会都集中在中央，例如：装饰用的圆柱、三角墙、曲线等等。所以相对于两侧，中央部分拥有绝对的主导地位。尽管第一眼看到这样的建筑物，会觉得正面部分似乎被切割成一条条水平线，但如果再仔细观察，就会发觉它是沿着垂直的方向组织而成的。而正中间的那一块面积相对的显得大些，也显得更重要，愈靠近两侧的部分，视觉印象就没有那么的强烈了。

追求复杂的形式

将雕塑与建筑的概念互相糅合的这种想法，风靡了西方世界，也成了巴洛克艺术的思想重心。这样的风格究竟从何而来呢？最合理的解释是：建筑是根据雕塑的概念“发展”出来的，而不是根据传统的建筑理念“建造”出来的。为了好好认识一座繁复的、充满动态的建筑特点，必须先了解它的照明安排，因为照明会为建筑本身带来一系列绚丽的变化。这是怎么一回事呢？当光线照射在一座建筑物上，在正常的情况下，这种光线本身是不会有任何变化的，但是当光线照射到某个平面上，就会使这个平面产生特殊的效果。我们都知道，光线照在光滑的大理石或稍加琢磨的石头所构成的一堵墙上，和照在用其他材质建造而成的墙上所产生的效果是不一样的。

斯巴达主教府邸的圆柱走廊

这个设计就像在玩一个利用视觉误差的游戏：将走廊两侧的圆柱高度逐渐降低，让走廊的内部空间也逐步缩小，因此这条走廊好像变成了一个倒放的望远镜。这座建筑的委托人是贝纳迪诺・斯巴达（Bernardino Spada）主教。为了装饰府邸的会客室，他曾聘用了当时享誉盛名的透视法壁画家阿勾斯提诺・米特里（Agostino Mitelli）与安吉罗・米开勒・科罗纳（Angelo Michele Colonna）。这位主教希望能将屋内的空间利用虚实相掩的方法予以扩大。为了实现这一点，他向当时的透视法学者齐瓦尼・玛利亚・比通托（Giovanni Maria Bitonto），以及波罗米尼求助。

如今由于窗户已经被堵塞，廊柱显得一片黑暗，但在窗户还可以打开时的景象，一定相当不错：从窗户往外看，可以看到两个美丽的花园，而华丽的廊柱则是通往花园的通道。

其中一个花园是真的，至今还存在着；另一个是假的，是一幅画着四个小花坛和一片密林的壁画，就画在走廊尽头的墙上。来这儿探过险的人可能都会觉得自己上了当，同时也会领悟到这个透视玩笑中所蕴含的哲理。用主教的语气来讲就是“虚假世界的写照”，而世界的价值“表面上很庞大”，但一经接触，就会发现它微不足道。在两位透视法大师的协助下，波罗米尼将透视法运用得淋漓尽致。波罗米尼还虚构出侧翼的空间，将廊柱的连续性切断，以延长走廊的长度。

无论是对建筑的内部或是外观，巴洛克建筑师都很细心地经营，并且喜欢大做文章。但是文艺复兴风格的建筑师却非如此，他们认为建筑应该朴素、简单，注重建筑物各部分之间的关系，让整座建筑显得平衡而协调。在他们的观念里，光线只是用来照明，帮助人们更清楚地了解建筑物各部分的功能与对应关系。因此，理想的照明应该很简单，不会造成阴影，也就是说，应该“很客观”，而不会扰乱人们的视觉。而文艺复兴时期建筑师的想法，实际上也是今日的建筑师们一直想努力达成的目标。

一六四六年，波罗米尼受托翻新拉特纳诺（Laterano）的圣乔凡尼大教堂。翻新时，必须保留古老教堂的原始结构和从十六世纪以来一直使用的木质天花板。

波罗米尼使用了相当灵活的设计手法，他利用方柱将圆柱两根两根地围住，方柱与方柱之间则设计了拱门，显得井然有序；从地板到天花板，一律使用相同的巨型壁柱节，让整面墙协调一致。方柱与大拱门穿插交替，富有韵律感。这种韵律感一直延续到后方，直到入口的方柱才以一个斜面设计来收尾，形成一个美丽的角度，就好像是音乐的休止符那样。

相反地，巴洛克艺术家们追求效果，而不再追求其逻辑性。就像在剧院中那样，当主角出场，就用灯光打亮他所站的位置，其他的次要角色，很可能都会处于黑暗或半黑暗中。然而，怎么才能在建筑中实现这个想法呢？可以透过建筑规划的手段来实现，让墙壁的突出部分与大面积的凹陷部分产生光线的明暗对比，还可以透过墙面的“分割”手法，让一个平面变得更有层次，从而产生光线的变化。例如：将一堵表面光滑的大理石或灰泥墙面，换成一堵由巨大的粗岩砌筑而成的墙面。而这一切都有助于突显建筑的装饰物，配合切割的平面、变化多端的雕刻、凹凸的墙面设计，这样的组合将使建筑物“动”起来，同时也“亮”起来。

在巴洛克艺术时代，这种设计手法得到最经典、最广泛的应用。它遍布于每面墙壁上，尤其是在转角点与接合点上，更是装饰得富丽堂皇、随意挥洒，成为建筑的最佳掩饰，让人们察觉不出建筑表面的间断，这正是巴洛克建筑艺术的典型风格。

在五种传统的建筑格式之后（塔斯肯式、陶立克式、爱奥尼克式、柯林斯式与复合式），又出现了前面所提及的“波浪式”建筑格式。除此之外，还出现了另一种建筑格式——“庞大的”建筑格式。这种格式是将建筑物放大到二三层楼高，这样的建筑格式在当时也很流行。同时，也将传统建筑格式的组成元素，变得更丰富、繁复，柱顶横梁的突出部分更加明显，而凹陷部分也更为深陷；一些细部分割则有时带着梦幻的色彩；连接方柱或圆柱的拱门，也不再局限于过去的半圆形，通常它会是变化更多的椭圆形、圆形，或者是双曲线的特殊造型（就是从正面看，拱门所呈现的曲线并不只一条，这是任何一种形状的拱门都具备的特征，这种造型仅出现在巴洛克艺术时期）。

有时，拱门也会被分割成几个单元，直线部分与曲线部分的线条相互嵌接，产生许多变化。三角形的墙面也会享有这些“特征”，它们大多分据于

线条的动感

巴洛克艺术热衷于追求线条的动感。我们在波罗米尼设计的作品中见过的建筑正面曲线结构，已经成为当时建筑，尤其是意大利建筑的一种典范。而其曲线结构往往都会运用在一座建筑中居于最重要位置的中央部分。这些曲线将建筑的中央部分与广阔的正门、上面的廊柱及细腻的装饰设计分隔开来。

瓜里诺·瓜里尼，卡里那诺府邸，杜林

波罗米尼，罗马，智者圣伊沃教堂的圆顶内部

拱门的高处，或者是位于窗户的上方，或者嵌于建筑物的内部。三角墙的标准外观（根据诸多规则确立的外观），应该是三角形或者是圆弧形。在巴洛克艺术时期，三角墙的形状常常是断裂的曲线（即折断并往高处偏移），或采取混合的线条（将曲线、直线互相搅和在一起），或形成一些奇奇怪怪的形状［由瓜里诺·瓜里尼设计的卡里那诺（Garignano）府邸的三角墙即为如此］。而且，窗户的外观往往也与过去的古典外观大不相同了。在文艺复兴时期，窗户通常都是长方形，或带有圆弧形修饰末端的正方形；在巴洛克艺术时期，则出现了椭圆形的窗户，或者上面变成圆弧形的四方窗，以及上面变成椭圆形的长方形窗户等等，不一而足。

而建筑的各个单元也都有了不同的变化，比如在柱顶横梁上、门上、各个角落、拱门上方等等都出现了倒三角形的装饰，或者大大小小的雕刻人像，或是繁复、华丽的花饰，以及一些带者异国风味及色彩的其他装饰物。

由古里古埃拉（Churrigueira）设计，位于薛拉曼卡（Salamanca）的圣伊斯特班（San Esteban）教堂之主祭坛拱顶

同样值得一提的是另一种典型，且引人注目的装饰性建筑体——钟楼。它们或是独立存在，或是成对而立，但总是装饰得十分高雅，构设繁复。它们或建于建筑物的正面上部，或者并立于两侧，甚至盖在教堂的圆顶之上。钟楼这个装饰性的建筑体，在奥地利、西班牙等国家已经成为真正的“建筑规范”。

不同典型的巴洛克风格

以上就是巴洛克式建筑最突出，也是最普遍的特征。不过，正如前面所说的，在每个国家或地区中，巴洛克式建筑又各具特色与风格。

意大利是巴洛克艺术的摇篮。除了拥有为数众多的能工巧匠外，它还拥有四位杰出的建筑师：齐恩・罗伦佐・贝里尼（Gian Lorenco Bernini）；波罗米尼；瓜里诺・瓜里尼，以及皮耶特罗・达・科多纳（Pietro da Cortona）。他们的建筑作品都呈现着鲜明的巴洛克风格，但彼此之间却存

米兰，圣・吉塞佩（San Giuseppe）教堂正面的细部，由法兰契斯卡・玛丽亚・里契尼（Francesco Maria Richini）设计。

美立里（Melilli），圣・塞巴斯提安诺（San Sebastiano）教堂，涡卷形装饰细部

拉古沙（Ragusa），圣乔治（San Giorgio）教堂，饰有圣徒雕像的涡卷形装饰细部

▶右页：瓜里诺・瓜里尼（Guarino Guarini），位于杜林的圣・辛东（Santa Sindone）小教堂的圆屋顶外观

瓜里尼的建筑作品最特别之处是，喜欢在圆屋顶中央的装饰上大做文章。瓜里尼用圆柱形的装饰把小窗户连接在一起，形成一道线条流畅的曲线。出人意料的是，他还将一列小拱门串在一起，以突显建筑物内部的构造。同时，随着塔尖渐渐升高，绕着尖顶形成的同心圆上，放置的装饰元件也渐渐地减少，恰巧与内部渐渐增多的装饰元素辉映成趣。

在巨大的差异性。贝里尼以及科多纳代表着优雅、华丽，活泼但并不怪诞的巴洛克风格，这种风格在意大利占据着主导的地位，显得“古典、婉约”。完全不同的是波罗米尼的建筑作品，比起贝里尼、科多纳，他的作品变化更多，也新颖得多。

波罗米尼的建筑都以“古灵精怪”的巧妙设计为特征。这些“古灵精怪”构成了他设计建筑物时的核心思维。

圣彼德广场巨大的圆形柱廊，圣安德烈教堂正面的圆形小拱廊等。波罗米尼在建筑平面及墙壁上的壁饰都极为繁复华丽，并充满了对传统建筑细节元素的叛逆思想：“错误”的倒三角形装饰的柱头；虽按照规则来说，柱头是为了支撑建筑物，但他却让横梁不再架在柱头上。

重要的光线

对于巴洛克建筑而言，光线是很基本的要素。当时的建筑都喜欢采用明暗对比的手法来渲染气氛。

瓜里诺·瓜里尼，杜林，圣·罗伦佐教堂的内部及其圆顶

瓜里尼不只是一位建筑师，同时也是一位数学家和哲学家。他在建筑作品里运用了复杂的几何图形，造成一种奇妙的效果。他能超越其他建筑师的原因在于将巴洛克艺术中追求无限延伸的天花板空间。他有其独特的想法，并将其发挥到极致。这座建筑的圆顶底部特别暗，但是上方却光亮无比、辉煌明亮，大部分的效果都是借助光线来完成的。光线使圆顶充满动感与变化，并且将拱门优美的线条与轮廓、以及华丽的门楣，装饰映衬得更加美丽。

波罗米尼的风格基本上由瓜里尼继承。不过，瓜里尼在其中加入了极为重要的教堂功能性。同时，这种数学技巧也影响了意大利以外的巴洛克风格建筑师们，尤其是在德意志地区的建筑师。

虽然意大利风格的巴洛克式建筑存在着许多的个人差异，但是它们仍然遵循一定的规范；在法国，情况就完全不同了。

在法国也出现了许多优秀的建筑师，或许比意大利还要多一些，比如：萨尔蒙·德·布罗赛（Salomon de Brosse）；法兰斯瓦·曼萨特（François Mansart），路易·拉范（Louis Le Vau），雅克·拉蒙西尔（Jacques Lemercier），还有最杰出的一位尤勒·哈道因·曼萨（Jules Hardouin Mansart）。但对法国的巴洛克建筑而言，学派比个人更为重要。一六六五年，法国国王聘请贝里尼来到巴黎，委托他修复王宫内的一座浮宫。但这个将意大利风格的巴洛克建筑引入法国的面试，一开始就失败了。

圣·罗伦佐教堂的圆顶大量使用了拱门，从外观看起来，拱门的数量几乎已经到达了极限。它们不仅是被挤进去而已，而且还依照精确的规则被安排进去。

◀位于杜林的圣·罗伦佐教堂大祭坛的圆顶内部景观

法国风格

法国的巴洛克风格，比意大利与西班牙的巴洛克风格要朴素得多。法国的建筑师们甚至为一种单独的、规范更严格、酷似古典主义的建筑风格奠定了基础。这种风格不久就在欧洲占据领导者的地位。凡尔赛宫可能是代表这种风格最成功的建筑之一。面向花园的正面只有一种线条，即位于正面的三排连续的拱廊。

朱利斯·哈杜因·曼萨，面向花园的凡尔赛宫的正面
宫殿的拱廊几乎没有任何突出之处。这种拱廊并不能独立存在，依照规则它是由风景画家安德烈·拉、诺特（André Le Nôtre）同时设计的巨大花园的背景。花园中有许多大水池、宽敞而笔直的大道、开阔的天空。它们成为法国城郊建筑不可缺少的一部分。

正如一位批评家所说的那样，在意大利与法国之间，存在着一种根本上的情趣差异。法国人认为意大利巴洛克式建筑过于活泼（虽然还不能说它们太过轻狂放肆、品味低俗且矫揉造作），显得杂乱无章。和当时的意大利艺术家相比，他们觉得自己更像专业人士，而且愿意忠诚倾力为自己的国王效力，为国王增添光彩。因此，在“太阳王”的宫廷中，一种比意大利巴洛克式建筑风格更谨守分寸的“巴洛克”建筑风格，开始发展起来了：建筑平面更加简单，建筑正面更为严肃，对传统的建筑格式所规定的尺寸、细节、构成单元等要素更加尊重，不追求强烈的视觉效果，也摒弃了一些夸张的、抢眼的矫饰。

法国的巴洛克式建筑风格与特色，以及最大的成就都集中于凡尔赛宫。依国王的命令，这座宫殿建于巴黎郊外。建筑体呈U型，另外增加两个侧翼部分。整座建筑的“动感”都呈现在面对花园的建筑表面上，少部分则呈现在公园的中央正面，以及一些小而矮的回廊上。

菲利浦·哈迪（Philippe Hardy），孩童之岛，凡尔赛宫

卡塞塔（Caserta）宫殿全景及花园一隅
一七五一年，卡洛·迪·波波纳（Carlo di Borbone）委托路吉·范维特立（Luigi Vanvitelli）建造该宫殿。整座花园就像一座戏剧舞台，剧情由分布在花园各处，一系列取材于古代神话故事的雕像负责演出。站在桥上远眺着水流的方向，沿岸分布着关于黛安娜（Diana）、阿狄翁（Atteone）、塞雷尔（Cerere），古诺（Giunone），艾奥罗（Eolo）等等人物的雕刻。

▲威廉·肯特（Willian Kent），契斯维克（Chiswick）府邸

这是最典型的英国式新雅典风格建筑。整座建筑是一个四方形，房间以位于中央的主屋为中心，平均分布。虽然建筑物的体积并不大，但门廊、台阶、大体积的圆顶，都突显了正面的雄伟，圆顶中还规划了采光用的巨大窗户。

◀克里斯多夫·乌仁，伦敦，圣保罗教堂（一六七五～一七一〇年）

德语系国家

在奥地利与巴伐利亚地区，巴洛克式建筑受到意大利或法国建筑的影响很深。奥地利美术馆是萨沃伊（Savoia）王储所建，它的装饰风格虽然十分奢华，但也很端庄，充分展现了巴洛克风格的建筑特色，布局充满平衡之美。

约翰·鲁卡斯·凡·希德伯朗特（Johann Lukas von Hildebrandt），维也纳，奥地利美术馆

约翰·柏恩翰·费雪·凡·艾尔拉赫（Johann Bernhard Fischer von Erlach），丽泉宫（Schönbrun），维也维

与凡尔赛宫相比，这座宫殿的组合安排更为合理：在正面典型地突显了中央部分，并采用了高大的建筑格式；不过，这种格式并非只有一层，而是分为三层，看起来似乎与建筑更为和谐。

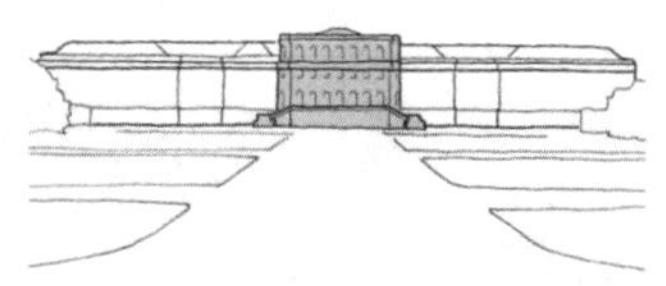

菲利浦·尤瓦拉（Filippo Juvarra），杜林，王妃府邸（一七一八～一八二一）

费雪·凡·艾尔拉赫，卡尔教堂，维也纳

艾尔拉赫广泛结合不同来源的元素，建造了这座充满巴洛克风情的建筑。它尤其在奥地利以及其他德语系国家广为流传，几乎成为最典型的教堂正面设计模式。在该教堂中，艾尔拉赫在中央部分为侧翼钟楼增加了两根模仿古罗马的特拉亚那圆柱。从功能的角度来看，两侧的钟楼完全是多余的，但因为它们的存在而将由圆顶占据主要位置的结构，转变成一个由圆顶与钟楼相互牵引、平衡的金字塔结构。

雅各布·普兰透尔（Jacob Prandtauer），奥地利美尔克（Melk）修道院的教堂

美尔克修道院的外观十分庄严，空间构造繁复，呈现出典型的巴洛克风格。教堂位于修道院建筑的前端。教堂的正面也规划了侧翼钟楼，不过在这里，钟楼要比一般的钟楼更高，更靠近建筑本体。

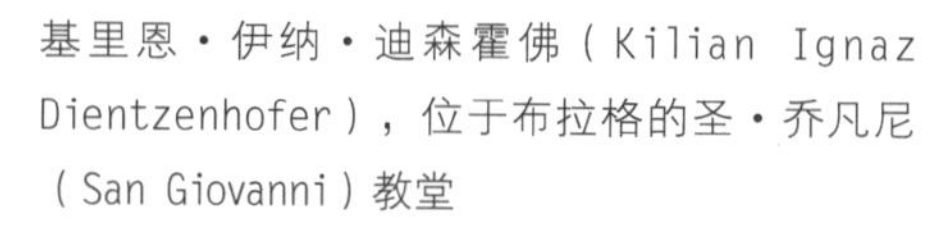

基里恩·伊纳·迪森霍佛（Kilian Ignaz Dientzenhofer），位于布拉格的圣·乔凡尼（San Giovanni）教堂

该建筑的外观看起来非常和谐，这是透过别致的钟楼对角线结构展现出来的完美设计。这种安排统合了建筑物正面应有的庄严感，以及教堂内部应具备的所有功能需要之间的矛盾。

巴洛克式建筑也从西班牙与葡萄牙传到了拉丁美洲。当时，墨西哥是这两个国家的殖民地，这里的巴洛克建筑显得更加华丽，建筑物的表面布满了嵌饰，就像是用金雕银雕镶成的雕刻品。这种嵌饰因此被称为“铜银装饰”，主要用来镶贴装饰建筑物的表面。

彼德·德·里贝拉（Pedro de Ribera），马德里，圣·费南多（San Fernando）救济院

罗伦佐·洛德利盖兹（Lorenzo Rodriguez）教堂，墨西哥市

西班牙的巴洛克式建筑

费南多·卡萨斯·伊·诺弗阿（Fernando Casas y Novoa），圣地亚哥·迪·坎波斯特拉（Santiago di Compostella）教堂，西班牙

西班牙巴洛克式建筑之繁琐、热情、艳丽的装饰程度，与法国巴洛克式建筑的朴素庄严程度，简直有如天壤之别。西班牙的巴洛克式建筑被称为楚里古拉（Churriguera）风格。这是由于楚里古拉家族诞生了许多建筑师，就是因为他们在西班牙各地建造了无数装饰繁复、艳丽的建筑物，对当时的建筑风格影响很深，因而得名。

圣地亚哥·迪·坎波斯特拉教堂是由一片尖塔、雕像装饰所组成的建筑，它正是西班牙巴洛克建筑的典型代表。正面由两座钟楼所组成，其上遍布各式繁复的雕饰，这种雕饰是西班牙风格的巴洛克式建筑典型特征。

不过，法国的巴洛克建筑艺术的光荣，都展现在花园设计的成就上。原本，法国一直沿用“意大利风格”的花园设计。这种花园的面积比较小，花坛的设置依照建筑规则或几何图形来规划。但新的花园艺术创作天才：风景画家诺特（Notre），用“法国风格”的花园取而代之。

凡尔赛宫的花园是“法国风格”的花园典范：中央是广场，一侧是入口车道、栅栏、停车的宽广砾石空地；另一侧则是绿油油的草地、几何形状的花坛、喷泉、水渠，碧波荡漾的水池；远处是森林的黑色轮廓线，数条宽阔、笔直、绵延数千米的大道，大道与大道之间由圆形的空地衔接。法国人创造的这种花园艺术将巴洛克艺术风格与古典传统融合为一体，既严肃，又

对城市规划的想法

巴洛克式建筑并非只考虑建筑本身，它也将注意力扩及新的领域，如大道、广场、花园等。换句话说，它也考虑到了我们今天称之为“城市规划”的领域。这种发展与当时的社会精神是相呼应的，何况，巴洛克时代的建筑师也已经有能力涉足这些新的、复杂的领域。

由齐恩·罗伦佐·贝里尼担任主要设计的罗马圣彼德广场，最能反映巴洛克式建筑艺术在城市规划上的想法。一个巨大的圆形广场，由两个环抱的回廊组成弯曲的两翼，并与主教堂相接。广场的整体设计宏伟庄严而且令人亲近。宛如由两只大石质胳膊环绕的外观（象征着“拥抱”天主教的整个世界），表达出天主教的精神与使命。巴洛克式建筑被视为反改革教派的建筑典型，由此可见一斑。

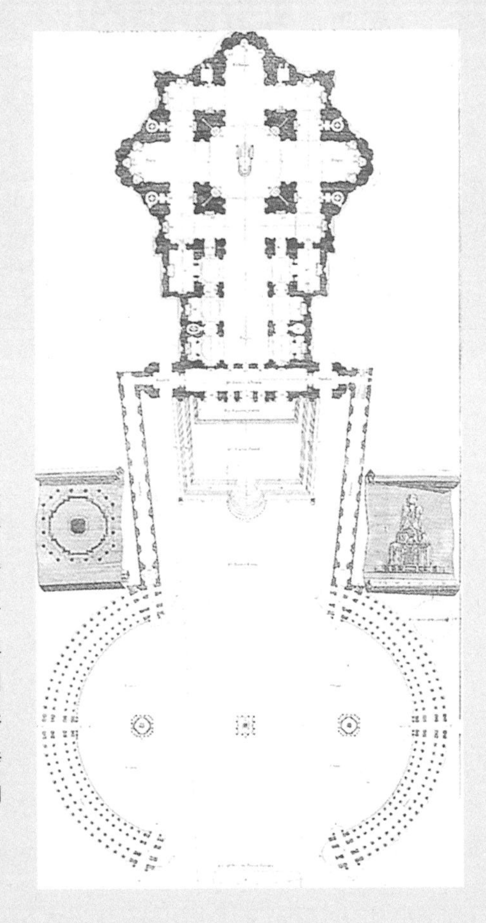

梵蒂冈，圣彼德大教堂及其回廊的平面图
一六五六年，教皇亚历山大（Alessandro），决定改造一片教堂前面的开阔广场。贝里尼受聘前来解决一些受到限制的问题：新的广场必须有宏伟的气势，但同时还必须能弥补教堂正面过度平整的缺点，并且将教皇宫殿与教堂连接起来。通常，教皇是从这个宫殿向信徒们施赐祝福的。圆形的平面布局，将广场环抱在两个宏伟的半圆形结构中，陶立克式的柱子组成的回廊，不仅一举解决了所有的难题，而且创造了一个全新的空间格局。

庄重。很快地，这种花园艺术就成为欧洲大陆最发达的文化模范，受到其他国家的争相效仿，以至于在该世纪下半叶，当时最有名的英国建筑师克里斯多夫·乌仁，便决定到法国巴黎去观摩学习，而不是像当时人们那样去意大利学习。而与法国比邻而居的比利时和荷兰，其巴洛克式建筑也都带有明显的法国特征。

阿尔卑斯山脉另一侧的德意志及奥地利，他们的巴洛克式建筑则与意大利的巴洛克式建筑风格更为近似，但也并非全面如此。相对而言，巴洛克艺术传播至德语系国家的时间要晚一些。因为在十七世纪上半叶，他们正忙着打三十年战争，战事频仍。不过，一旦在这些国家扎下了根，巴洛克式建筑艺术就开始生根发芽，并结出了美丽的果实。无论是从质量上，还是从数量上，在这两个国家中杰出建筑师的出现相对也晚一些，主要是诞生在十七世纪末期与十八世纪初期，许多出类拔萃之士，深受巴伐利亚众多王公伯爵及教会的欢迎。

当时大家都去罗马参观，因此都属于罗马流派，约翰·柏恩翰·费雪·凡·艾尔拉赫（Johann Bernhard Fischer von Erlach），可能是他们中最著名、也可能是最伟大的一位，而约翰·鲁卡斯·凡·希德伯朗特（Johann Lukas von Hildebrandt），及约翰·巴邵萨·纽曼（Johann Balthasar Neumann）则是艾尔拉赫的跟随者，同时也可能是比他更富创造力的杰出建筑师。另外，还有马绍斯·波佩曼（Matthaus D.Poppelmann）及法兰索斯·德·古维利斯（François de Cuvillies）这位在德国工作的法国人。由这些建筑师所创造的巴洛克建筑艺术，将传播至波兰及其他东欧地区国家，乃至俄罗斯。

德意志的巴洛克建筑艺术具备了意大利巴洛克建筑艺术的所有特征，同时也创造出自己的特色与风格。尤其是建筑的内部，除了装饰得非常富丽堂皇之外，对光线的处理也很有自己的见解。他们擅长设计一整排的窗户，引

不同艺术的融合

巴洛克艺术的一个典型特征在于它将多种艺术融合于一体。有时光是一件雕塑作品，甚至就可以被赋予全新的城市规划价值。费乌米（Fiunin）喷泉（左上、左下图、右上图）位于那弗纳（Navona）广场的中央，而且也是广场的中心点。喷泉中央是一座埃及的方尖塔，高高耸立着，相反地，中段部分则为一个庞大的雕塑体，壮硕的人物憩息于岩石上，下部则与流动的泉水相结合。这座喷泉的确代表着当时那个辉煌年代所有的意涵、思维、憧憬与象征。

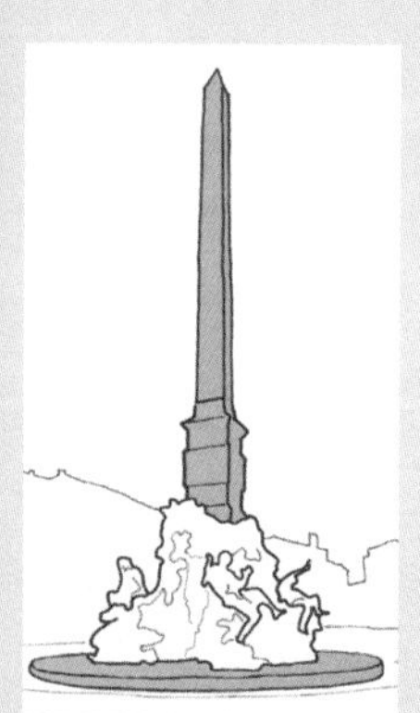

喷泉综合了建筑价值、雕塑价值以及城市规划价值于一身，而且它还是个活的有机体，会随着时代的变迁呈现出不同的意涵与风貌，自然而然成了巴洛克建筑艺术的核心题材。与以往时代的不同点在于，喷泉是自成一体的独立建筑物，虽然它与城市的建筑、空间或景观息息相关。当然，雕塑占有最无可撼动的基础地位。雕塑中的人物肌肉丰满，胡须浓密，姿态充满动感，这是典型的巴洛克特色。

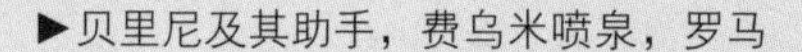
▶贝里尼及其助手，费乌米喷泉，罗马

楼梯之重要性

在巴洛克艺术时期，楼梯成为建筑物最重要的部分之一。许多新型的楼梯诞生了，“皇家式”的楼梯即是其中的一种。开始时楼梯都设计在房间的中央，走到楼梯的第一个平台时，突然变成两个分开的单扶手楼梯，分别朝两个不同的方向延伸，最后又会聚合在房屋入口的上方。

巴洛克建筑艺术十分注重设计上的动感与舞台布景式的感觉。为了突显建筑物内部线条的流动感，强调其戏剧性，楼梯的设计与规划突然成了焦点。因此，再也没有比豪宅建筑入口的大楼梯更适合去扮演这个角色了。在这种楼梯中，可以尽情地展现各种繁复、华丽的装饰，其多变的惊喜可以为冰冷的建筑线条带来活泼的气息。

巴洛克建筑艺术十分注重设计上的动感，与舞台布景式的感觉。为了突显建筑物内部线条的流动感，强调其戏剧性，楼梯的设计与规划突然成了焦点。因此，再也没有比豪宅建筑入口的大楼梯更适合去扮演这个角色了。在这种楼梯中，可以尽情展现各种繁复、华丽的装饰，其多变的惊喜可以为冰冷的建筑线条带来活泼的气息。

巴若萨·诺曼（Balthasar Neumann），维茨柏格（Würzburg）府邸内的大楼梯

路吉·范维特立（Luigi Vanvitelli），卡塞塔（Caserta）宫殿内的大楼梯

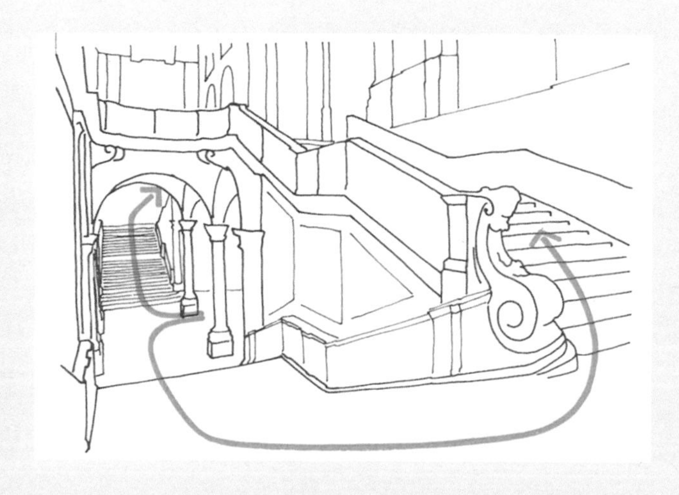

菲利浦·尤瓦拉（Filippo Juvara），贵妃府邸的大楼梯，杜林

这一座楼梯是维茨柏格府邸最具代表性的空间。它的确是巴伐利亚风格巴洛克式建筑最杰出的建筑之一。

在宽敞的长方形房间中央，一座扶手楼梯沿阶而上，突然的一百八十度回转，将单座楼梯一分为二，沿着墙壁向上延伸，这么一来，将空间安排得错落有致，充满韵律感。凌空而起的穹顶，一系列依严谨的透视法原则交相切割的壁画，产生意想不到的视觉变化。

进自然而柔和的采光，避免太过突兀或变化太大的光线，这些特征成为下一个艺术时代——“洛可可艺术”时期的雏型。洛可可艺术正是在这些国家，通常也由同一批建筑师，诸如马绍斯·波佩曼，约翰·巴邵萨·纽曼，法兰索斯·德·古维利斯等广泛地应用于他们的作品中。

在处理巴洛克建筑艺术的两大基本题材宫殿与教堂时，德语系国家的巴洛克建筑艺术，遵循了一些具有典型的时代与地区特色的基本规则。在教堂建筑中，建筑师们经常使用两个侧翼钟楼这个布局方案。例如：艾尔拉赫在建造维也纳的卡尔斯克区（Karlskirche）教堂时，在教堂主体的两旁就建造了两座自成一体、空空荡荡的钟楼。除钟楼以外，还设计了两根圆柱，使人联想起罗马的特拉亚那（Traiana）圆柱。钟楼圆柱展现了巴洛克建筑艺术的“戏剧性”典型。而凡尔赛宫则是宫殿类型的建筑典范，但总体而言，德意志的建筑师们更擅长于对建筑物的各个不同单元进行错落有致的高低差处理，突出建筑物的中央主体，有时也会突显建筑的侧翼。

意大利的巴洛克建筑艺术在向阿尔卑斯山脉以外的国家传播时，也同时在西班牙与葡萄牙确立了自己的影响力。虽然，在向这两个国家传播的过程中，相对较为顺利，不过仍然展现出一种非常特殊的巴洛克建筑艺术。它最典型的特征，实际上也是唯一的特征，是其繁丽复杂的装饰：仿佛对任何一座建筑，不论其外观或内部，都应该进行巨细靡遗的装饰。这样的想法可以归纳出几个影响因素：摩尔风格的传流、伊比利亚半岛的影响，以及哥伦布发现美洲新大陆之后，新颖且奇特的美洲及非洲装饰艺术的引进等，都是其中最重要的原因。

实际上，整整两个世纪，这种巴洛克旋风在西班牙与葡萄牙风靡一时，占据着艺术发展的主导地位。由出生于楚里古拉（Churriguera）家族的建筑师所构成的“王朝”统治了这种风格，因此它被称为“楚里古拉”风格。这种风格从西班牙与葡萄牙传播至其南美洲殖民地。在当地，楚里古拉风格

▲维也纳，奥地利美术馆的大厅
对不同艺术形式的混合、对虚构空间的热爱、对无限延伸的追求，这些典型的巴洛克艺术特点，都在绘有图画的拱门中充分而完美的展现。这些图画或是模拟现实的虚幻画作，或只是一幅装饰画、抽象画，但都以确定一个整体的空间感为目的。

►斯图比尼吉（Stupinigi）府邸大厅中的透视风格

建筑更加追求突显建筑的装饰，甚至到了狂热的地步。这种创作或许值得商榷，但它绝对是一种最容易辨认的特殊风格，因为它将“装饰”视为建筑物绝对且必要的元素。

◀侍从大厅，厅中的绘画由维多利奥·阿美德欧·西纳罗立（Vittorio Amedeo Cignaroli）绘制，斯图比尼吉（Stupinigi）府邸

卡络·爱玛努艾勒三世（Carlo Emanuele Ⅲ）与其妻子波丽塞娜达西亚（Polissena d'Assia），要求宫殿内部的装饰，必须参考欧洲各王室建筑的内部装潢，使建筑与装饰艺术交相辉映。由于菲利浦·尤瓦拉的尽责，以及工匠们的能干，内部装饰做得很成功，主人的高品味要求也同时获得满足。

◀来自法国的壁柜，伦敦，维多利亚及亚伯特博物馆（Victoria and Albert Museum）

巴洛克艺术的其他主题

在对巴洛克建筑艺术的发展过程进行探讨时，还必须探究其他几个巴洛克建筑艺术特有的并且经常出现的主题。第一个是关于巴洛克艺术的建筑师们是如何思考都市规划的。他们是第一批不仅从理论上，更是从实务的角度来考虑这个问题的建筑师。他们的解决方案是使用圆与直线，即在都市规划中开辟数个广阔的圆形广场（圆），并在广场上建造一座建筑（教堂，宫殿或喷泉）；然后再建造一条条又长又直的街道（直线），将数个都市广场连接起来，而且，这些街道通常都是以广场为背景，或者说都是以广场为终点。

这种解决方案并非十全十美，但它无疑是非常具有原创性的。实际上，他们创立了一种设计（或重新设计）都市的方法，以使都市变得更美、更具舞台布景效果，而且让都市规划变得更清楚、简洁。正是因为采纳了这种规划方案（它与法国式花园的设计理念不谋而合，两者都具备了相同的构思），才促使庞大的、将建筑雕塑与流水融为一体的喷泉建筑艺术的兴盛。喷泉是理想的“圆”心，是展现巴洛克建筑艺术诸多特征，包括：动感、布景效果，以及将各种艺术形式相混合的最佳载体。因此，罗马成为最典型的喷泉之城绝非偶然，它的规划比其他任何的城市都更恪守巴洛克建筑艺术的新规范。

另外两个典型的主题则展现了巴洛克式建筑内部之美。一个是大楼梯（庄严、繁复，极具代表性）。从十七世纪起，它便开始出现于所有的贵族府邸中，有时甚至成为府邸建筑的中心。另一个主题是走廊（galleria）。起初走廊只是宽敞、华丽的通道，或是一个具有某种意义的场所（凡尔赛宫的镜廊是个典型的例子）；后来，人们逐渐将家中最名贵的艺术品收藏（绘画、雕塑，及其他艺术品）展示于走廊之中。于是“galleria”这个单词，

关于走廊

与大楼梯一样，走廊也是巴洛克建筑艺术中一个典型的创作。通常走廊都很宽敞，上面有盖顶与房屋相连接，内部装饰极其奢华，是一个十分宜人的场所；盖顶通常会设计成拱顶，走廊一边向外，一边和房间相连，走廊的墙壁或上面多半会有一些水晶装饰，以显示主人的财富与地位。

尤勒·哈道因-曼萨特（Jules Hardouin-Mansart），凡尔赛宫殿内的镜廊

意大利的跪凳，佛罗伦萨，比提宫（Pitti）
该跪凳是专门为托斯卡纳大公爵科西莫·德·麦第奇（Cosimo de' Medici）制作的。其设计风格是典型的十七世纪佛罗伦萨风格，带有明显的建筑物特征。从以下的细节可以明显验证这种风格的特征：基座的重叠，托斯卡纳式的圆柱，位于跪凳上方，分割成互相对称的三角形装饰，奢华、庄重、严谨的形式等。

塑像支撑柱

使用女性或男性外观的塑像来支撑屋顶是一种古老的建筑技巧。在巴洛克艺术时期它深受人们的欢迎，因为它迎合了当时人们追求新鲜好奇的心态。这种技巧尤其被奥地利的建筑师们广为采用。下图中的这个极为著名的支撑柱塑像组合，即起源于奥地利。

贝弗德雷宫殿上部，装饰着叙述亚历山大・马戈诺（Alessandro Magno）生平的雕塑与浮雕

约翰·鲁卡斯·凡·希德伯朗特（Johann Lukas van Hildebrant），贝弗德雷（Belvedere）宫殿内景，维也纳

变成了今天我们所理解的意思："艺术收藏"。通常，这种走廊也与巴洛克式建筑的其他场所一样，绘制了大量的虚幻风景画。而且，虚幻风景往往超越了建筑本身，将墙壁降格为支撑平面。巴洛克建筑艺术将多种艺术形式混合使用的结果，却将建筑的尊贵地位让给了绘画。

雕　塑

巴洛克时期并不缺少雕塑家，但出色的却不多。其中最杰出的就是吉安·罗伦佐·贝里尼。他在巴洛克雕塑领域的重要性，远大于他在建筑领域上的贡献。雕塑艺术是巴洛克时期最具特色、且散播最广的一门艺术，它不仅做到了建筑与绘画所未能做到的事情（即创立一个在整个欧洲皆大体一致的艺术风格与语言），而且成为艺术史上无人能出其右的艺术典范。直到今天，巴洛克雕塑仍在欧洲各地处处可见，而且让人一眼就可从作品的典型特色中认出它来。

在认识巴洛克时期的雕塑作品，以及如何区分与其他时期的雕塑艺术有什么不同之前，我们必须先将巴洛克时期的雕塑作品区分为两大类：一类是用来装饰或补充建筑的雕塑作品；另一类则是真正单独存在的雕塑作品。

当时的建筑主要是以三种方式来运用雕塑艺术。首先是设计一整排水平排列的雕塑，以保持建筑物外观平整的水平线，但这种设计手法并非巴洛克艺术首创。不过，在巴洛克时期，它却逐步发展成为一种常用的建筑装饰手法。这种装饰设计源于十七世纪中叶，非常流行于装饰建筑物的楼顶，即在建筑物的最上方，建一堵将斜屋顶遮盖起来的平墙，如此一来，从下往上看时，建筑物的顶端仍然是一条水平线。于是，出于美观起见，便会在这一堵长长的墙上，装饰一排相互之间保持等距离的雕塑。这些雕塑通常都很庞大，耸立在蓝天下，而且，它们的间距往往与建筑物正面的圆柱或壁柱装饰的间距相等。由贝里尼所设计的罗马圣彼得大教堂及其圆柱回廊，法国的凡尔赛宫以及其相关的大大小小的建筑物，都采用了这种装饰手法。后来，这种装饰设计又从屋顶发展到其他的建筑物的平面上，比如花园的围墙，桥上的围栏等等。

雕塑的建筑功能

在巴洛克时代中，雕塑家们的第一个想法是将雕塑与其他艺术形式融为一体。在这座建筑中，我们已经很难再将建筑部分与雕塑部分分开来看待了，因为它分明是一座建筑。只不过，建筑的主要部分是由雕塑来装点，它们位于桥的两侧，形成了一道通往圣安杰罗（Sant' Angelo）城堡的透视线条。

过去在整座建筑中，一直有一种安排雕塑的设计方式，那就是在建筑物的末端装饰一整排相互之间保持一定间隔的塑像。不过这种做法，在巴洛克艺术时期，已经成为一种基本的设计风格。通常，雕像会被放置于建筑物所谓的“顶楼”上，用来妆点一座美丽的城市建筑。

乔安・罗伦佐・贝里尼（Gian Lorenzo Bernini）及其助手，罗马，圣・安杰罗桥上之雕像

第二种设计手法，是用雕像来取代圆柱作为建筑的支撑，有女像柱与男像柱之分。这种装饰手法也很古老，其发展历史可以上溯至古希腊艺术时期。而在巴洛克时期，则主要盛行于奥地利与巴伐利亚地区。

第三种设计手法则是表现在边饰上，即使用雕塑人物来装饰徽章、战利品及其他的类似器物。这种装饰方法也是雕塑艺术在建筑中最具特色的设计方式，它使雕塑成为巴洛克式建筑的真正“装饰品”。有时，它也是用来掩饰一些建筑的残缺或不够完美的手法，比如用来弥补两种搭配不和谐的建筑图案等等。另外，也可以用雕塑创造出“类似于建筑”的建筑，或者重新创造出一座新的建筑物，比如：贝里尼所创作的圣彼得大教堂内的华盖，就是最好的例子。建筑与雕塑这两门艺术完全地融合在一起，是巴洛克时期艺术特有的典型风格。

显然，在巴洛克时期，雕塑家们也从事一些传统的雕塑工作。例如坟墓、祭坛、纪念碑等等的雕塑工作。一般而言，这些雕塑所采用的设计规则都和戏剧中的布景规则相类似，甚至采用相同的手法，何况在当时正是戏剧与音乐开始蓬勃发展的时候。贝里尼曾经为圣卡特琳娜（Santa Caterina）教堂，创作了《锡耶纳的圣卡特琳娜之喜悦》这座雕像，就将该主题表现得如同一幕戏剧，甚至将该雕塑的买主们也一并纳入塑像作品中，并且按实体大小将他们的塑像安排于特别设计的戏台上，就像他们正在剧院里看戏一样。

这类雕塑作品有两个特点。从技术上来说，艺术家的技艺已经达到炉火纯青的地步，以至于想要从他们所完成的大理石雕塑作品中，判断或想象出大理石原来的形状，已经是不太可能的事了。米开朗基罗在总结文艺复兴时期雕塑艺术的理想目标时曾经说过：“一座雕塑必须给人一种印象，哪怕是从山顶滚到山谷，它都将丝毫无损。”但巴洛克时期的雕塑作品则完全不同，用今天的话来说，它的目标是像照相那样，将运动中的影像完全定住。这意

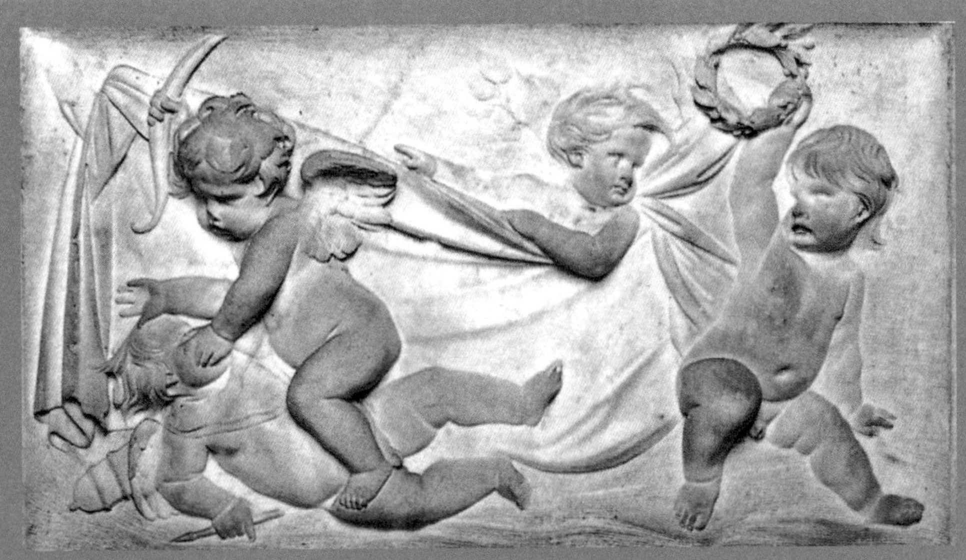

法兰契斯卡・杜奎斯诺伊（Francesco Duquesnoy），《神圣之爱击溃世俗之爱》，罗马，斯巴达（Spada）画廊

浮雕手法细腻至极，游戏中的孩童十分逼真，朦胧中显示了大理石不均匀的透明度。这个浮雕作品展现了杜奎斯诺伊深得同时代的收藏家们赏识的独到技巧。

◀美琪欧雷・卡法（Melchiorre Caffà），《锡耶纳的圣卡特琳娜之喜悦》，罗马，圣卡特琳娜教堂

这个雕塑作品以极轻快、流畅的表现手法，呈现喜悦的主题；大理石的纹理展现了衣褶的波浪及云彩的变化，背景则为彩色的石膏版，共同营造出一个虚幻而神圣的画面。

乔安·罗伦佐·贝里尼，罗马，圣彼得大教堂的华盖装饰
该雕塑作品位于巨大的房间中央，形体极为庞大，大约有九层楼的高度。即便形体巨大，但仍然保留了巴洛克时期的典型特色：幽默感。比如，巨大的垂饰略为上扬，仿佛正有一阵风吹过来似的，而教堂的标志：“蜜蜂”，则正在圆柱上漫步。
因此，将该雕塑作品视为是一件建筑作品也并不为过。它展现了许多典型的巴洛克雕塑艺术的特点：夸张、奇异、充满戏剧性等等。从此以后，螺旋形的圆柱获得青睐，成为龛室的主要特征。

味着雕塑家必须使用更自由、奔放的布局设计，甚至必须使用比文艺复兴雕塑艺术的人体尺寸规范更苗条、修长的人体尺寸。

而“动态”正是巴洛克艺术的另一个显著特点，甚至可以说是最重要的特征。该时期所展现的人物，从来不处于静止或休息状态，而总是处于运动状态，雕塑家们会切实捕捉一个几乎很难察觉，但又极端紧张的时刻，让雕塑中的人物静止在一个不稳定的平衡中。举个例子来说，像跳高选手，在一跃而上的刹那，静止在一个无法再上升但却还未开始下降的那一刻的造型，会被雕塑家们充分的掌握住。正是这种对“动态”感的强调，才导致十七世纪“蛇形人物雕像”的巨大成功。

所谓的“蛇形人物雕像”，出现在十六世纪下半叶，巴洛克艺术时期开始之前。在巴洛克时期，这种表现人物的雕塑方法再度获得青睐。实际上，

它指的是让人体固定在一个螺旋的动作中，以产生快速旋转的情境与表情，如同一位运动员在扔掷铁饼那样。而人物身上的衣服，就会因为运动而显得激扬、奔放、飘忽不定、充满浪漫与美丽的线条。宽松的衣服随风舞动，飘飘欲飞，这些元素都为巴洛克艺术强烈的明暗对比，创造了理想的前提。也正是为了实现这种明暗对比的手法，雕像中的人物，往往被表现成处于夸张、不自然的动作状态中，服装佩饰极其繁复、过度夸张、布局混乱，几近违反常态。有时，艺术家们对衣饰、动作的表现效果，以及对自己的技能过于自满，也导致作品缺乏整体感与和谐性。

不过，这些现象在各个时期都会发生，使得某些艺术家沦为二流的工匠。但是在巴洛克时期，另一个贡献却恰恰在于将这些二流的作品融入具有绝对价值的复合式城市建筑规划中，点缀着城市中的广场、花园、通道、喷泉。在这些城市建筑里，有大胡子的神、森

皮耶·蒲杰（Pierre Puget），圣母玛利亚；热那亚，圣·菲利浦的小礼拜堂螺旋形圆柱的主题雕塑

林之神、仙女、海豚、鬼怪；在宫殿、府邸建筑的大楼梯上，有各式各样的装饰物；在走廊、大厅、教堂，甚至每个住宅中，都充斥着灰泥饰物，各式各样、繁复多变。有时，这些作品带来的是噩梦，但在大多数的情况下，它们成功地诠释了当代的艺术风情与生活趣味。

不稳定的平衡

贝里尼，《阿波罗与达芙尼》，罗马，市立美术馆
两个人物的身体曲线和谐呼应，表现的是仙女达芙尼在逃避阿波罗时，变成月桂树的一瞬间。

贝里尼，贝达·路德维卡·阿贝托尼（Beata Ludovico Albertoni）的纪念碑，罗马，圣方济教堂，阿提耶里（Altieri）礼拜堂

绘　画

巴洛克绘画所偏爱的主题

以墙壁作为媒介来进行绘画创作的方式，由来已久。有趣的是，巴洛克风格的艺术家们将这项艺术的发展与应用，发挥得淋漓尽致。他们在墙壁上，尤其是在教堂、宫殿与豪宅建筑的天花板上，绘制大型而且具有动态感的作品，让人觉得那些不是墙壁或天花板，甚至会觉得它们被延伸到了另外一个空间去。其实这种特殊的创作手法并非创举，但是在巴洛克时期，当时画家们的绘画技巧，经过几个世纪的洗练，已达到了炉火纯青的地步。因此，这些作品便充分展现了当代绘画艺术的特征，那就是：雄伟、虚幻、充满戏剧性与动态感。

在巴洛克时期的绘画中，为了创造某一种特殊的效果，往往会同时运用好几种时期的艺术风格，当时这是一种很普遍的做法。在这些令人叹为观止的虚幻绘画作品前，我们常常无法区分究竟哪一部分是绘画，哪一部分才是建筑物的本体。这些壁画的内容多彩多姿，有圣徒、君王、英雄、神话人物等等，画家们所使用的基本元素也相当一致：高高耸立的建筑，切割成好几块的蓝色天空，灵动的天使与圣徒，动作威猛的神话人物，衣衫飘逸迎风飞扬的仙女，但从这些画面的布局中，我们可以看出，人物的形体被“缩小”了，“缩小”的原因是，画家们根据从上向下，或从下往上的视角不同，刻意设计出来的变化。

这不仅在整个十七世纪流行，而且在十八世纪也流行了很长的一段时间。这种风格持续发展到巴洛克艺术时期之后的洛可可艺术时期。虽然随着时间的推移，在绘画主题或风格上有些微的不同，但发生变化的却只限于它的总体气氛（即从开始发展、形成风格时的阴暗、戏剧性、激烈的情绪，慢慢地变成明亮、活泼、愉快、充满罗曼蒂克的气氛）。

导致这种变化的因素有两个，一个是时间因素，另一个则是新的重要艺术家的加入。这些新的艺术家全都来自于威尼斯地区，隶属于威尼斯风格，其绘画传统比罗马风格，或者意大利风格更具观赏价值。

创造罗曼蒂克空间的透视法

在巴洛克时期，“透视法”对绘画艺术而言，有它独特的见解与看法。当时人们认为，“透视法”是运用在教堂、宫殿、宅邸建筑物的天花板上，创作宽阔、雄伟、动感、华丽、浪漫空间的一种最佳技法。

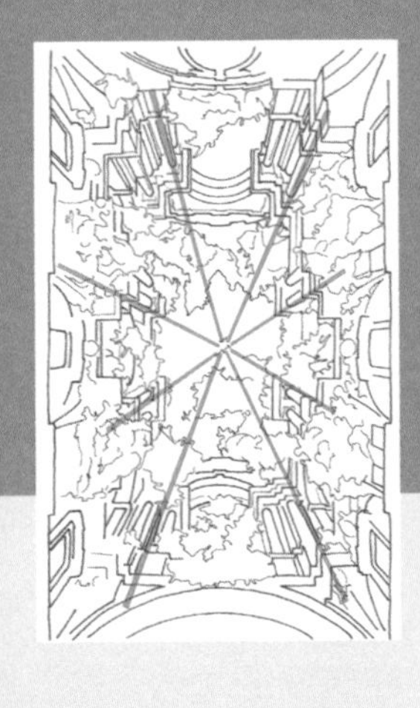

◄► 安德烈·波佐（Andrea Pozzo），《圣伊纳齐奥（Sant' Ignazio）的赞美》

建筑式的画框

虚幻的绘画主题常常运用于建筑物的某些特定的区域中，这是巴洛克绘画艺术的特征。在十八世纪中叶，提也波洛的作品将这个特征发挥到极致。这位大师采用了新的“离心力”布局方式，将人物安排于绘画的边缘，画之中央则是一片晴空。

吉安巴提斯塔·提也波洛（Giambattista Diepolo），《所罗门王的审判》
乌迪内（Udine）大主教府在天穹的光芒照耀下，人物形象清晰自然；同样地，根据精细的透视画法，人体的形象被合理的“缩小”。他们举止鲜明、姿态雄伟，简直就像是戏剧中的人物。

对光线的深入研究

当然，绘画艺术并不止于在墙壁、天花板上创作虚幻式的壁画。相反地，在巴洛克时期，更重要而且更有价值的创作是油画。如同建筑那样，不同国家的绘画艺术也各有其不同的特色，当然它们之间也存在一致的共同点：即对光线的深入研究。

对光线的研究起源于意大利，是由米开朗基罗所倡导的。从他的作品经常受到同时代人的抨击，而非受到赞誉这一点，就可以知道，他代表着一个“新时代”的来临。在卡拉瓦乔（Caravaggio）所处的年代中，绘画早已经出现了差不多比当时早两个世纪就已经确立的目标（也就是在各种情形下，都必须将大自然或者绘画主题，完美地呈现出来），按照画家自己的说法，就是对主题的彻底“模仿”。这时的艺术家们亟需进行全新的探索与研究，于是，卡拉瓦乔出发了。他的作品表现的是粗壮的平民、小饭馆里的顾客、赌徒，只是他们的穿着，和传统

十七世纪艺术中对死亡与虚空的思考

十七世纪的宗教不断用《圣经》中的训诲告诉人们：生命是脆弱的，物质与财富只是过眼云烟。这种训诲集中出现于《圣经》的《训道篇》第一、二节中的一句万物皆“虚空”的训辞上。这种训诲成了当时反改革教派思想中重要的一环，对此，他们愈来愈频繁地进行宣扬。在《圣经》中，圣伊纳齐奥（Sant' Ignazio）曾建议人们静思死亡的意义。

随后，在耶稣教派的著作中，这个主题不断地被强调与宣扬，以期能在信徒的心中，引起对个人命运的关注及对忏悔的重视。正如艾米尔·马雷（Emile Maile）所指出的那样，这些训辞的传播与十七世纪艺术中出现的新思维有关。这种新思维指的是类似于中世纪时期人们普遍对上帝的敬畏心、沉郁的主题以及出现象征死亡的标志。从十七世纪末开始，死亡的主题已出现在葬礼、祈祷等为了突显庄严肃穆的气氛所举行的一些简短的仪式中。

一五七二年，人们在罗马为波兰国王西杰斯蒙多·奥古斯多（Sigismodo Augusto）举行了葬礼。灵柩上布满上千支蜡烛，灵柩如同一座金字塔形的火梯。火梯上还装饰着一只巨鹰（巨鹰象征着波兰）。它似乎刚刚歇息，双翅仍大大地张开着。教堂内挂着象征葬礼的黑色帷幔。在这个黑色的背景下有骷髅头，他们有的挥舞着镰刀，有的向在场的人们传递着神秘的信息。在灵柩旁坐着僧士，他们帽子低低地压着眼帘，一动也不动，宛如幽灵。光及死亡之必然是十七世纪道德思想的主轴。在菲利浦·德·尚柏尼（Phillippe de champaigne）的一幅严肃的静物画中，计时器与骷髅头并列出现，画中还有一枝剪断了的郁金香，不久之后它就会枯死。死亡的气息清楚地在画中蕴酿着。

认知的圣徒、传道者、神职人员的衣着是一样的。就这一点，他已经和以“贵族人物、过度理想化的环境”为内容的文艺复兴时期绘画风格，拉开了相当大的距离。不过，最重要的事情并不在于画“什么”，而是在该怎么画。

实际上，在卡拉瓦乔的作品中，光线的分布并不均匀，而是有选择性地分布着。有的地方直接以强光照射着，有的地方则一片昏暗，明处与暗处常常交替出现。他的画作充满戏剧性，气氛激烈，与强调对比的巴洛克风格一致。但是，这种画法在意大利并未争取到应有的发展空间。意大利半岛有一些画家，他们将虚幻主题的绘画传统延续至十八世纪，但他们并没有能力继承卡拉瓦乔的艺术成就，并予以发扬光大。卡拉瓦乔的绘画艺术，将在西班牙、芬兰及尼德兰地区的一些国家获得传承与发扬。

雅各布·乔达恩斯（Jacob Jordaens），《四位福音作者》，巴黎，罗浮宫
至今人们对画中人物所扮演的角色尚存疑问，有人认为图中所表现的可能是少年耶稣正向东方博士们宣讲《圣经》。人物的布局紧凑，占据了整个画面，显示出画家诠释人物的强烈造型风格。

鲁本斯与伦勃朗

在这些国家中，与建筑最大的不同之处在于，绘画艺术拥有强大的地方流派。这些地方流派是艺术创作活动的火车头。尼德兰地区的画家甚至创造了一种如实地表现日常生活状况的绘画类别。这类画作在意大利并没有引起任何回响，因为在当地没有这类画作的市场，也没有买家。是荷兰人把油画技巧传授给意大利人的，文艺复兴初期的艺术家们对油画技术一无所知。而在比利时，绘画的发展情况与荷兰的情况不同，主要是与两位画风相差甚远的大画家有关，他们就是鲁本斯（Rubens）与伦勃朗（Rembrandt）。

鲁本斯的画作刚劲有力，生动而富肉感，华丽、夸张、气势磅礴。这位出生于安维萨（Anversa）的画家，曾在意大利居住，习画八年，潜心研究威尼斯画派画家的作品，但这与其风格的形成并无直接关系。回到家乡后，鲁本斯开设了一家画坊。很快地，在画坊工作的助手就达到两百多人，其中

◄古伊多·雷尼（Guido Reni），《曙光》，局部
雷尼是一位非常成功的画家，其声望延续至十九世纪，仅次于拉斐尔，雷尼研究了如拉斐尔与卡拉瓦乔的雕塑作品，并以此为基础，创作了风格独具的精美绘画创作。他的“完整的古典主义”作品，吸纳了古代艺术及文艺复兴艺术的精华，带有强烈的思古情怀，严肃而优美，同时也蕴含着强烈的自然主义风格。

◄皮也托·达·科托纳（Plietro De Cortona），《天堂也参与了新教堂的建造》，罗马，圣玛利亚教堂的拱顶

有一些是极优秀的画家，他们各有擅长：动物画、结构画、静物画等等。而鲁本斯本人则擅长绘制人体画：人体的肤色红润，人物的动作剧烈，幅度夸张，众多曲线相衬相接，共同形成画面的布局（菱形、圆形、S型）。正是这些健壮、动作猛烈，似乎是戏剧舞台上的人物，构成了鲁本斯绘画艺术最容易辨别的特征。他的绘画艺术是欢愉、强壮、气势磅礴的，更难得的是，鲁本斯还是一位多产的艺术家。这位天才的艺术家，其绘画风格影响了整个尼德兰地区的绘画，成为该地区的绘画鼻祖。

显然，没有一位弟子比这位老师更出色了，学生们从他的作品中吸收丰富的经验与技法，但都只学到一部分。比如，鲁本斯最著名的弟子，安东·范戴克（Anton van Dyck）即以肖像画见长，他在这方面的成就最为出色。在他的肖像画中，无论是总体布局，还是人物的神态，都比他老师的肖像画作品更为精练，而且，用色也不那么浓烈，人物形象都处于一种静谧

卡拉瓦乔，《圣玛德欧（sant' Matteo）的殉道》，罗马，法国的圣·路易（San Luigi）教堂。在该作品中，光线明亮的区域与阴暗的区域交替出现。这种对比突显了人物的形体，使人物显得更加逼真。他的作品都很有“爆炸性”，这也是巴洛克艺术作品的登峰之作。

的气氛中，其神情则充满尊严，虽然背景过度矫饰（不是一整片无垠的风景，就是圆柱的柱脚）。范戴克是英国皇室的御用画师，也是英国肖像画派最重要的人物。

鲁本斯代表着巴洛克艺术生气勃勃、华丽夸张、贵族化的一面；而伦勃朗这位尼德兰地区另一位伟大的画家，则代表着巴洛克艺术戏剧化、内敛的一面。他继承了卡拉瓦乔的画风，他的画风并非是一种封闭式的创作，相反地，他反映了当时“荷兰”这个地方，人民的思想与社会现象。荷兰位于法兰德斯（Flanders，就是现在的荷兰和比利时一带）的最北部，同时也是最落后的地区。这儿的居民是法兰德斯的“穷亲戚”。不过，荷兰地区的居民为了争取独立与宗教自由，而与当时最强大的国家——西班牙，进行了长期抗争。这些抗争鼓舞了这个地区的居民，同时蓄积了强大的能量。

到了十七世纪，荷兰已经成为一个富裕、骄傲、自信而且正在全力扩张

▲卡拉瓦乔，《美杜莎（蛇发女怪）之头像》，佛罗伦萨，乌菲兹美术馆

▲鲁本斯，《雷纳（Lena）公爵肖像》；马德里，普拉多美术馆
画中的公爵若有所思，而战争的硝烟与动荡则远远退于背景之中，揭示了这位军事首领的孤傲与不安。鲁本斯用云彩与树木构成一个自然的框架，将人物衬托、突显出来。

丰满的身体

鲁本斯代表着巴洛克艺术奢华、丰满的一面。他的绘画作品最大的特色在表现人物身体的丰满、圆润，以及画面中充满活力与动感的戏剧张力。他的作品布局总是严谨而洗炼，人物的安排也都充满鲜活的故事性。

鲁本斯曾在意大利居住八年之久，他最喜欢威尼斯画派的画家。对他而言，具有肉感、活力的颜色，是非常重要的绘画成分。

彼德·保罗·鲁本斯（Pieter Paul Rubens），《莱乌奇博（Leucippo）之女被劫》，摩纳哥，古代美术馆

精美的肖像画

范戴克是鲁本斯的弟子，他吸收了老师的特点，专门从事肖像画的创作，是当时最有名气的肖像画家之一。其肖像画作以精美细腻，以及布局的完整洗炼见长。利用光亮与阴影来突出画面中重要的部分，是当时最流行的做法。在这幅图中，亲王的脸部及洁白的披风上，都利用了光线的处理来加强效果。

安东·范戴克（Anton van Dyck），《安迪米恩·波特（Endimion Porter）亲王与范戴克》，马德里，普拉多美术馆

范戴克，《英国国王卡罗（Carlo）一世》，马德里，普拉多美术馆

虽然范戴克的画作布局属于文艺复兴风格，但他在画中的用色及突显人物的方式，则属于巴洛克时期的风格。在图中，贵族人物的形象温文尔雅，一眼就可以看出肖像人物属于上流社会人士。

范戴克，《维纳斯于火山熔岩中》，维也纳，艺术史博物馆

版图的地方。同时，它还是个热爱绘画的地区，所有的人，包括商人、中产阶级、手工艺人、船员，都在作画或买画，所有的人都懂画或者夸耀自己懂画。不过，荷兰人想要的画，以及他们向艺术家们订购的画作，与意大利的作品截然不同，也与鲁本斯的画风不尽相同。

身为新教教徒的荷兰人，禁止创作宗教画。这在天主教国家中是独一无二、绝无仅有的。这种风气显示了荷兰人可以独立自主地展现他们与众不同的生活品味与快乐：漂亮的房子，一群好朋友，优质精良的服装等等。总之，能摆放在普通住宅中的画作，显示着中产阶级的意识抬头与日常生活的品味。因此，这种需求的作品，必然是绘制在体积有限的布上面的油画。由此看来，荷兰是个不太适合引进对比强烈、激昂慷慨、带着苦涩氛围的卡拉瓦乔式绘画的地区。

绘画大师伦勃朗

伦勃朗的作品总是从自然事物中获得灵感。为了能迅速地将当时的激情与奇妙的现实一一记录下来，他经常绘制大量的草图，借助它们进行绘画之前的研究工作，以便一步一步地确定他绘画作品的结构、色彩等等元素。伦勃朗给我们留下了约一千五百件的草图，这是一个极为可观的数目。在这些草图中，有一部分快速、潦草的初稿，也有精细、复杂用红粉笔、彩笔，或混合媒材所描绘的草图。其中，主题对象已经渐具形体，空间分布、明暗对比及色彩效果，亦已近乎确立。

在他曲折的艺术生涯中，他坚韧不拔，一直努力地用自己的艺术来捕捉、反映现实的诸多面貌；他拨弄着灵魂最深处的弦，坚定而清醒地探访其中最隐秘的角落，用超乎自然的光明面，将作品中诸多令人难忘的人物、稍纵即逝的尘世风貌与生命，留下磨灭不掉的印象。

伦勃朗，《扮成圣保罗的伦勃朗》，阿姆斯特丹，国立美术馆。
该画的布局设计是卡拉瓦乔式的，但是阴影的颜色更浓重，光线也很阴暗。

荷兰地区的绘画风格

实际上，最典型的荷兰画家是法兰·哈尔斯（Frans Hals）。人们对什么样的主题最有兴趣、需求最大，他就创作什么，比如：个人肖像画或团体肖像画。这两种主题是当时荷兰最具代表性的绘画主题。在反抗西班牙的战争中，形成了许多由志愿者组成的自卫队。即使战争胜利之后，这些自卫队成员们仍保持着联系，从未解散。这些自卫队的成员们都想要拥有一幅团体肖像画，让大家都能聚集在画中。

通常，这种画作的宽度要比高度长得多，画中的军官们环桌而立，或者围绕着可以聚会或讨论的场景。画中的每一个人都会被光线自然地照亮，而

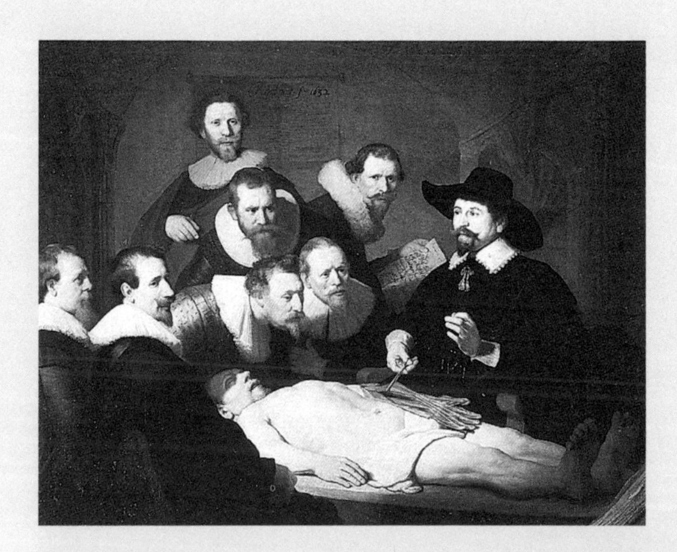

伦勃朗，《杜尔普（Tulp）医生的解剖学课》，海牙，莫瑞修斯（Mauritshuis）博物馆

这幅肖像画变成了一幕戏剧性的场景。医生的行为以及大家的反应成为整幅画最吸引人的地方。在灰暗的背景下，光线照亮了每一个人的脸部，更渲染了画中悬疑的气氛。

伦勃朗，《夜巡》，局部；阿姆斯特丹，国立美术馆

尼德兰地区的团体肖像画

法兰斯·哈尔斯，《圣伊莎贝尔医院的主管们》，哈伦（Haarlem），法兰斯·哈尔斯物馆

哈尔斯是团体肖像画作领域最优秀的画家，其作品代表了十七世纪尼德兰地区的团体肖像画作的特点。画面空间处于阴影中，画的布局依水平方向展开，人物沿桌分布，每位人物都被赋予差不多相同的重要性。对人物之描绘十分细腻，光线也以相同的方式照射着他们，突显出他们最具特色的部位：当时流行的宽大白衣领以及清晰的脸庞。

巴托洛美·艾斯特本·慕里罗（Bartolomé Esteban Murillo），《年轻的酗酒者》；伦敦，国家美术馆。

且没有过度强烈的对比。这类画作出色地解决了肖像画所隐藏的两个问题：一是在创作诸多人物时，能给予每位人物差不多相同的重要性；二是避免人物姿态的过度考究或夸大，否则每位人物皆持类似的姿势，会显得很可笑。毕竟当时人们要的只是一幅“团体照片”而已。

伦勃朗·哈蒙润·范瑞（Rembrandt Harmenszoon Van Rijn）是伦勃朗的全名，他也创作过类似的团体肖像画，不过，其作品风格完全不同。他最著名的团体肖像画作叫《夜巡》。就像这个画名所指的那样，画中的背景一片漆黑，但中的人物却几乎全部被光线照亮，不过，这并非是一幕夜景，它只不过是卡拉瓦乔画风的荷兰式翻版罢了（即突显明亮部分与黑暗部分的

扬·维梅尔（Jan Vermeer），《倒牛奶的女人》；阿姆斯特丹，国立美术馆

彼德·德霍克（Pieter de Hooch），《母亲》，柏林，国立普鲁士文化博物馆

对比）。传统的布局被抛弃了，转而采用了另一种比改变气氛更具有意义的布局方式：画里军官们的重要性不再被等量地分配，而是依照明确的阶级来分配，中央的自卫队的军官及副手们，一一被光线完全照亮，至于其他人则围绕在四周，只能隐约在阴影中露出头部。这是人们开始重视以光线来审度个人的地位，或者是关注人物脸部特征的开端。

伦勃朗的肖像画中，还可以看见卡拉瓦乔式的明暗对比，阴影的颜色甚至更为加深，并几乎占据了整个画面；水平的光线从人物的侧面投射在脸

色调的对比

光线的明暗效果，并未透过色彩间突兀的对比来呈现，而是通过渐进式、持续性的色彩浓度，随着区域的变化而产生。虽然从表面上看，画面的布局完全忠实地描绘对象，但这种光线效果的运用，却是典型的巴洛克手法，其目的在于使画面中充满象征性的色彩能够相互呼应。在图中，可以注意到小孩衣服的颜色与小狗的颜色相互呼应，这仅仅是众多色彩相互对衬最明显的例子。

委拉斯盖兹，《菲利浦·普洛斯佩洛王子肖像》，维也纳，艺术史博物馆

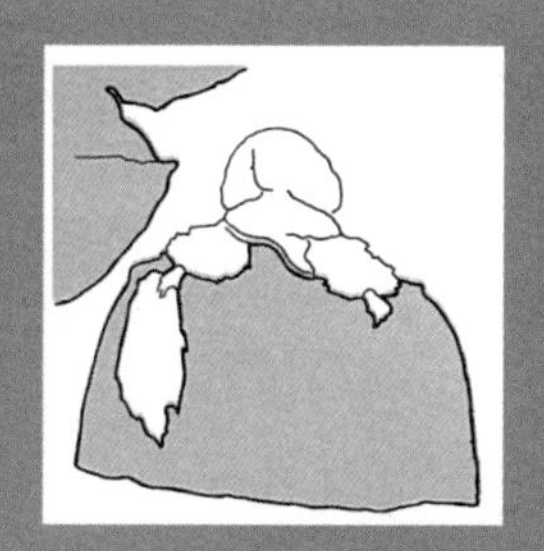

还有什么能够比小公主所穿的宽大而华贵的、几乎将她淹没的衣服，更具巴洛克风情？画家亦以浓重的表现方式呈现出这种奢华。不仅衣服的色彩被光线照亮，而且绸缎的颜色也和背景色彩相映成趣。该画的风格，与卡拉瓦乔、鲁本斯、伦勃朗的画风大相迳庭。

委拉斯盖兹，《年幼的玛格丽特公主肖像》；马德里，普拉多美术馆

静物画

法兰契斯可·德·苏巴朗，修士屋中的静物画，高达卢佩(Guadalupe，西班牙)，杰罗尼米修道院。在巴洛克时期，一种新的画风——静物画诞生了。静物指的是日常生活中一些或多或少，比较复杂的物品，如：花、水果、书、猎物等等。这是一种“书房”里挂的室内画，运用光亮与阴影来表现事物的细节，这种技法在静物画中被充分地发挥出来。有时在画中，会加入一件源于宗教思想、象征死亡之物，这也是巴洛克艺术最细微、但却又最富深意的一个构成成分。

上，或者脸部的某部分，突显出人物的每道轮廓线条或者皱纹；有时，光线也会照射在次要的物品上（如桌子、书本，或其他物品），而画面以外的其他部分，则完全是一片漆黑。这种画风可被称为巴洛克绘画风格，因为它属于十七世纪，但只保留了当时所有绘画规则中的其中一项，那就是：使用光线来组织画面，突显主角。

西班牙的绘画风格

西班牙的巴洛克绘画艺术，亦继承了卡拉瓦乔对光线的处理技巧。其中有不少是善于创作肖像画，以及更具虔诚氛围的宗教画大师，如巴托洛美·艾斯特本·慕里罗（Bartolome Esteban Murillo）；有一些则是善于深情地表达伊比利亚文化的禁欲主义，以及该文化灵魂的大师，如法兰契斯

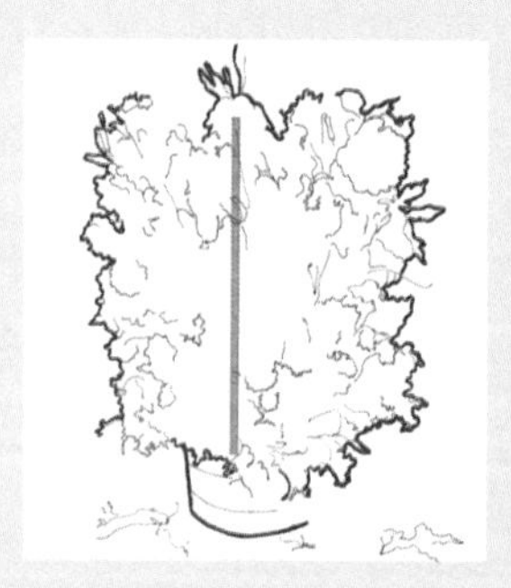

▲卡拉瓦乔，《酒神之屋的静物画》，局部，佛罗伦萨，乌菲茨美术馆

卡拉瓦乔是巴洛克绘画艺术的创始人，同时也是研究光线对比的学者。而且也是巴洛克绘画艺术的代表人物，以及一位极出色的静物画画家。因此，虽然明明一些主题内容不同，目的是反映日常生活的画作，人们也常常将这些作品归类成静物画。

►扬·布鲁格·德·维鲁提（Jan Brueghel Dei Vellni），《花瓶》，摩纳哥，古代美术馆。

最古典的静物画主题是花瓶。花瓶静物画的创始者，是生活在十六世纪晚期的几位尼德兰画家。此主题在巴洛克艺术影响所及的国家中司空见惯。在该画中，黑色背景突出了花朵的艳丽与活力此手法属于典型的尼德兰特色。

可·德·苏巴朗（Francisco de Zurbaran）。

不过，西班牙的巴洛克绘画艺术，将随着超越各个时代、各种时空限制的伟大画家，如迪亚哥·洛迪桂兹·德·西瓦·委拉斯盖兹（Diego Rodriguez de Silvay Velazquez），而迈向巅峰。对于委拉斯盖兹而言，卡拉瓦乔的画风仅仅是个开端。委拉斯盖兹认为，借助光线的明暗变化，在画中表现的是一个“视觉所见到的现实状态”，与文艺复兴时期画家们的看法不同，它并非是一个精细到连毛发都得忠实复制重现的过程，而是对一个我们肉眼所实际看到的形象、整体印象的呈现，而不是复制。

在其作品中，委拉斯盖兹像两个世纪之前的画家那样，以透视法来运用光线，让画面更具有“空间感”。明亮与阴影部分交相替换，令人产生错觉，以为画中人物并非绘制而成，而是实际“存在着”的人物；画中多是用粗犷但柔软的笔触画成的，从未进行细部描画，但恰到好处地表现了人物的轮廓。十九世纪的法国印象派画家们，将使用同样的技巧，这并非出于偶

彼得·布勒哲尔（Pieter Bruegel），《巴比伦巨塔》，局部，维也纳，艺术史博物馆
巨塔彷·会立刻倒塌下来，毁掉四周的人物与景象，透过作品的布局，以及颜色之间的相互牵引，一种无形的平衡感却被建立起来。

布勒哲尔，《儿童游戏》，局部，维也纳，艺术史博物馆

在巴洛克艺术时代，农村景象也是个很受欢迎的主题。在该类主题的画中，尤其可以尽情展现戏剧性与壮观的场景。画中的明暗效果、庞大的布局、众多的人物，突显了布勒哲尔在色彩规划上丰富、强烈、缤纷以及多变的深厚功力，整幅作品宛如一场农村的儿童嘉年华会。

然；就像两个世纪之后的这些画家一样，委拉斯盖兹也不太注重“内容”，不太注重其绘画的对象，尤其是不注重那些重大的宗教主题，虽然宗教主题对于他那个时代的人，曾经是那么地重要；他的全部注意力都集中在绘画的过程上，集中在他的绘画“本行”上。

其他类型的绘画创作

与这个国家所遵循的形式主义正好相反，西班牙的绘画风格是自由、丰富的。虽然它是在巴洛克艺术时期诞生的画风，但这种态度已经不再是巴洛克式的了。这样的发展产生了一种将在后世、乃至今日都深受青睐的绘画类型，那就是以“花朵”或是以那些通常在家中随处可见的物品为描绘对象的“静物画”。当然，类似的绘画在之前就存在了，但是，在巴洛克时期它们因艺术家们的努力，而成为一种真正的绘画类型。这些艺术家分布在各个国家中，分属于各个流派，但这种画类的真正创始人是卡拉瓦乔。

卡拉瓦乔的艺术生涯就是从创作静物画开始的。不过，这类作品在法兰德斯及荷兰地区获得了最大的成就。在这两个地区，虽不能说有创作这种画类的传统，但至少有一点是肯定的，那就是从十五世纪开始，从当地人创作的现实主义绘画中，就已有此类画作存在。而且，这并不是唯一在当地绽放光彩的画类，至少还可以提及另外一种，描绘《圣经》故事或者当时生活情景的大型画作，或者是反映贵族或农民的广阔世界的创作。这类画作的先驱是彼得·布勒哲尔（Pieter Bruegel）及其跟随者。从时间顺序上来看，这些画家的生活年代，差不多比之前提及的每一位画家的生活年代都要早，但毕竟他们的绘画创作充满了典型的巴洛克风格，尤其是在色彩与光线的强烈对比、人物动作的戏剧化冲突，以及稍嫌过分渲染的想象力，都突显了他们宽阔无比、任意挥洒的创作空间。

Comparasion of Eras
年代对照表

欧洲大事纪

900年 墨西哥米斯特克文明开始；加洛林王朝复兴
982年 维京战士红发艾里克定居格陵兰

罗马时期：11世纪～12世纪中叶

1063年 比萨大教堂开始兴建
1073—1085年 教皇格列哥里七世发动宗教改革运动
1088年 兴建克鲁尼大教堂
1098—1099年 第一次十字军东征
1099年 基督教十字军夺下耶路撒冷
1109年 左右创作西突插画手稿
1140年 进行罗马圣玛利亚大教堂镶嵌工程

罗马式建筑：是从11世纪初期开始直到12世纪中叶，西欧新兴的建筑风格。引用拜占庭的建筑元素，厚实的墙壁、圆拱、穹顶是其特色。

罗马风格时期

10世纪 | 11世纪

宋

中国大事纪

960—1127年 赵匡胤建立宋朝

1005年 宋辽立下“澶渊之盟”
1041—1048年 毕昇发明活字印刷术
1043—1045年 范仲淹推行“庆历新政”
1069—1085年 王安石变法，引发新旧党争
1082年 苏轼《寒食帖》

罗马风格时期

12世纪

13世纪

元

1101年 张择端《清明上河图》
1110年 画学生入翰林图画局
1125年 宋联金灭辽
1127年 靖康之变，康王赵构即位，建立南宋
1127—1279年 南宋高宗迁都于临安
1133年 高宗御书佛顶光明塔碑
1140年 郾城大战，岳飞大破金兵
1141年 宋金签订《绍兴和议》
1189年 河北永定河卢沟桥建成

1206年 成吉思汗建立蒙古政权
1214年 蒙古军开始征服俄罗斯
1215年 河北唐县金铜印
1234年 南宋联蒙灭金
1247年 苏州石刻天文图
1234—1258年 蒙古大举侵宋
1267年 元大都遗址改建
1271年 忽必烈建立元朝
1279年 元兵陷崖山，南宋亡
1299年 马可波罗来华

哥特时期：12世纪末～16世纪

1144年 圣丹尼修道院建成
1147—1148年 第二次十字军东征
1163年 巴黎圣母院开始建造后殿
1189—1192年 第三次十字军东征
1192年 建造威尔斯圣安德雷大教堂
1204年 第四次十字军东征洗劫君士坦丁堡
1209年 意大利亚西西的圣方济各创立方济会
1244年 埃及占领耶路撒冷
1248年 开始建造科罗尼亚大教堂
1250年前后 马西耶乔斯奇《赞美诗集》插画完成
1271年 马可波罗从威尼斯展开远东之旅
1297—1299年 乔托绘制《圣方济传》组壁画
1308—1313年 亨利七世成为日耳曼与神圣罗马帝国皇帝
1321年 但丁《神曲》问世
1333年 马提尼创作《圣母领报瞻礼》
1337年 英法百年战争开始
1337—1338年 威尔里创作《圣物盒》精雕艺术
1356年 神圣罗马帝国皇帝颁布《黄金诏书》解决日耳曼皇室纷争

哥特式建筑：从12世纪末到16世纪流行的建筑风格，称之为哥特式建筑。最有名的代表就是天主教堂，尖拱、肋形支撑的穹窿及飞扶壁的发明，还有逐渐变薄的墙壁设计，以及装饰华丽的开窗采光系统。

哥特式风格时期

14世纪

15世纪

明

1302年 河南嵩山少林寺天王殿建成
1310年 窝阔台汗国亡（并入察合台汗国）
1324年 山西洪洞东北15公里霍山南麓（此地为杂剧演出场所）的杂剧壁画
1346—1350年 黄公望《富春山居图卷》
1351年 刘福通等领导红巾军起义
1368—1644年 朱元璋建立明朝，开始修建长城
1384年 订八股取士制

1405—1433年 郑和七次下西洋
1416年 明帝大规模建造宫殿
1421年 明成祖迁都北京
1422年 明帝改建北京城，并建内城城墙
1427年 设铸冶局，制作宣德铜器
1435年 成祖于北京长陵作18对石人、石兽
1448年 朝鲜京城南大门建成
1449年 土木堡之变
1457年 夺门之变，英宗复位
1484年 沈周作《七星桧图卷》
1490年 改颐和园金行宫为园静寺

文艺复兴时期：15世纪～17世纪初

1414年 君士坦丁会议，教会大分裂
1415年 多呐泰罗创作《圣乔治》雕像
1425—1452年 吉伯第创作佛罗伦萨圣洗堂的《天堂之门》
1429年 圣女贞德领导法军解除英国对奥尔良城的围攻
1430—1444年 布鲁内勒斯奇兴建帕齐礼拜堂
1431年 圣女贞德遭处刑
1453年 拜占庭帝国灭亡；英法百年战争结束
1478年 西班牙建立宗教法庭
1495年 达·芬奇创作《最后的晚餐》壁画
1498年 哥伦布在南美洲登陆
1504年 拉斐尔创作《处女的婚礼》
1509年 日耳曼人发明手表
1510年 达·芬奇创作《圣母、圣婴、圣安妮与圣乔凡尼》
1522年 提香创作《巴克斯酒神与阿丽亚娜》
1522年 首次环游世界航行
1524年 日耳曼农民战争
1537年 米开朗基罗开始设计康比多力奥广场
1543年 哥白尼提出“太阳为宇宙中心学说”
1547年 米开朗基罗担任圣彼得大教堂的建筑师
1560年 布勒哲尔创作《儿童游戏》
1580年 西班牙兼并葡萄牙
1596年 莎士比亚完成《仲夏夜之梦》

文艺复兴建筑：15世纪出开始发展的建筑风格，是意大利古典艺术的重生，主宰了16世纪中期的欧洲建筑直到17世纪初期。古典柱式、圆拱，及对称的组合是其特色。

文艺复兴时期

16世纪

17世纪

清

1504年 山东曲阜重修孔庙
1514年 葡萄牙人到广东
1522年 修建唐园
1530年 北京天坛修建
1549年 88岁的文征明作《真赏斋》
1557年 葡萄牙人占据澳门
1560年左右 戚继光在东南沿海抗击倭寇
1581年 张居正实行一条鞭法
1582年 耶稣会教士利玛窦到中国

1613年 李贽《史纲评要》
1616年 努尔哈赤建立后金
1620年 苏州艺园始建
1624年 荷兰人占据台湾
1636—1911年 皇太极建立清朝
1637年 宋应星《天工开物》
1644年 李自成攻占北京，清军入关，明亡
1645年 西藏拉萨宫建成
1655年 台湾台南孔庙建成
1661年 康熙即位
1662年 郑成功收复台湾；禁女子缠足
1670年 康熙游江南，建畅春园
1681年 平定三藩之乱
1684年 清朝设置台湾府
1689年 中俄签定《尼布楚条约》

巴洛克时期：17世纪～18世纪

1602年 英国成立东印度公司
1635年 科多纳开始重建圣路卡学院教堂
1644年 法国发生大规模农民暴动
1646年 波罗米尼受托翻新拉特纳诺圣乔凡尼大教堂
1648年 欧洲三十年战争结束
1656年 贝里尼受聘改造梵谛冈圣彼得大教堂广场回廊
1656年 伦勃朗绘《杜尔普医生的解剖学课》
1658—1660年 维梅尔绘《倒牛奶的女人》
1659年 委拉斯盖兹绘《年幼的玛格丽特公主肖像》
1688年 英国光荣革命
1701年 普鲁士王国建立
1716年 土奥战争爆发
1721年 欧洲北方战争结束，彼得大帝成为俄国沙皇
1726—1728年 提也波洛为多尔芬宫及圣礼教堂绘制湿壁画
1751年 范维特立建造卡塞塔宫殿及花园
1752年 提也波洛绘制浮兹堡的天花板壁画
1756年 普英奥法争夺日耳曼，七年战争爆发
1760年 英国库克船长航抵澳洲；波西米亚发生大规模农民革命浪潮
1768年 埃及独立
1769年 瓦特改良蒸气机成功

巴洛克式建筑：源于17世纪的欧洲建筑风格，从文艺复兴晚期的教堂、修道院，到18世纪的德国南部、奥地利，甚至延烧到法国及西班牙的繁复建筑风格。交叉穿越的椭圆形空间、曲面，大量的雕塑及色彩，晚期风格称为“洛可可”，在建筑风格限制较多的法国及英国，则称之为“古典巴洛克”。

巴洛克风格时期

18世纪

清

1703年 承德避暑山庄始建
1709年 北京圆明园建成
1721年 朱一贵起事
1722年 雍正即位
1727年 清朝设置驻藏大臣
1727年 中俄签订《恰克图条约》
1735年 乾隆即位
1743年 唐英《陶瓷画说》
1744年《院本亲蚕图卷》
1746年 河北万泉飞云楼
1748年《汉宫春晓》
1750年 珠尔默特那木札勒事件
1751年 重修北京天坛
1759年 禁止输出丝织品
1759年 平定回疆
1765年 乾隆令郎世宁画乾隆平定准部回部战图
1780年 河北承德须弥福寿庙
1782年 《四库全书》完成
1786年 林爽文起事
1788年 密勒塔山大禹治水图玉雕
1793年 《钦定藏内善后章程》
1796年 白莲教之乱
1798年 苏州留园建成
1799年 乾隆崩，皇帝赐死和珅

1775年 福拉哥纳尔绘《朗布伊埃的宴乐》
1775年 夏丹绘粉彩画《戴遮阳帽的自画像》和《夏丹夫人肖像》
1775年 北美独立战争
1776年 北美十三州发表《独立宣言》
1777年 哥雅绘《阳伞》、《配戴花的女人》及门上挂毯草图《酒鬼》
1779年 隆基绘《纺纱女》、《炼金术士》
1781年 佛谢利绘《梦魇》
1782年 哥雅完成萨拉哥·沙皮拉尔圣母院的湿壁画
1783年 英国承认美国独立
1787年 大卫于沙龙展出《苏格拉底之死》
1789年 法国大革命爆发
1790年 华盛顿当选美国第一任总统
1790年 佛谢利为弥尔顿的《失乐园》作插画
1792年 拿破仑战争
1796年 泰纳绘《海上的渔夫》
1799年 拿破仑自己任命为第一执政；英法签订亚眠合约
1800年 大不列颠与爱尔兰合并

巴洛克风格时期

19世纪

清

1805年 蓝浦《景德镇陶录》
1805年 禁西洋人入内地传教
1814年 限制英国商船进港，并查禁鸦片

图书在版编目（CIP）数据

图解欧洲建筑艺术风格 / 许汝纮著 . -- 北京 : 北京时代华文书局 , 2017.10

ISBN 978-7-5699-1822-9

Ⅰ . ①图… Ⅱ . ①许… Ⅲ . ①建筑艺术－欧洲－图解Ⅳ . ① TU-881.5

中国版本图书馆 CIP 数据核字 (2017) 第 232027 号

图解欧洲建筑艺术风格

TUJIE OUZHOU JIANZHU YISHU FENGGE

作　　者 | 许汝纮

出 版 人 | 王训海
选题策划 | 胡俊生
责任编辑 | 樊艳清　李唯靓
装帧设计 | 迟　稳
责任印制 | 刘　银

出版发行 | 北京时代华文书局 http://www.bjsdsj.com.cn
北京市东城区安定门外大街 136 号皇城国际大厦 A 座 8 楼
邮编：100011　电话：010 - 64267955　64267677
印　　刷 | 北京富诚彩色印刷有限公司　010-60904806
（如发现印装质量问题，请与印刷厂联系调换）
开　　本 | 710×1000mm　1/16　　印　　张 | 20　　字　　数 | 300 千字
版　　次 | 2018 年 5 月第 1 版　　印　　次 | 2018 年 5 月第 1 次印刷
书　　号 | ISBN 978-7-5699-1822-9
定　　价 | 78. 00 元